名|家|问|茶|系|列|丛|书

茶文史知识

姚国坤 著

100问

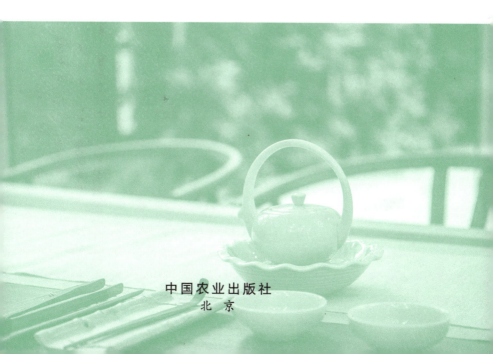

中国农业出版社

北 京

总　序

　　世人说到茶，一定会讲到中国，因为中国是茶的原产地，茶文化的发祥地。而谈到中国，茶总是绕不开的话题，因为中国是世界茶资源积淀最深、内涵最丰富、呈现最集中的地方。

　　众所周知，中国产茶历史悠久，早在数千年前，茶就被中国人发现并利用，至秦汉时期茶事活动不断涌现，隋唐时期茶文化勃然兴起，宋元时期盛行于世，明清时期继续发展，直到民国时期逐渐衰落。20世纪50年代，特别是80年代以来，再铸新的辉煌。

　　茶经过中国劳动人民长期洗礼，早已成为一个产业，不但致富了一方百姓，而且美丽了一片家园，还给世人送去了福祉。茶和天下，化育世界。如今，全世界已有60多个国家和地区种茶，种茶区域遍及世界五大洲；世界上有160多个国家和地区人民有饮茶习俗，饮茶风俗涵盖世界各地；世界上有30多亿人钟情于饮茶，茶已成为一种仅次于水的饮料。追根溯源，世界上栽茶的种子、种茶的技术、制茶的工艺、饮茶的风俗等，无一不是直接或间接地出自中国，茶的"根"在中国。

　　由中国农业出版社潜心组织，中国茶生产、茶文化、茶科技、茶经济等领域有深入研究的专家学者精心锻造、匠心编纂，倾情推出"名家问茶系列丛书"，内容涵盖茶的文史知识、良种繁育、种植管理、加工制造、质量评审、饮茶健康、茶艺基础、历代茶人、茶风茶俗、茶的故事等众多方面，这是全面叙述中国茶事的担当之作，它不仅能让普罗大众更多地了解中国茶的地位与作用；同时，也为弘扬中国茶文化、促进茶产业、提升茶经济和对接"一带一路"提供了重要平台，对中国茶及茶文化的创新与发展具有深远理论价值和现实指导意义。

"名家问茶系列丛书"深耕的是中国茶业，叙述的是中国茶的故事。它们是中华文化优秀基因的浓缩，也是人类解读中华文化的密码，更是沟通中国与世界文化交流的纽带，事关中华优秀传统文化的传承、创新与发展。

"名家问茶系列丛书"涉及面广，指导性强，读者通过查阅，总可以找到自己感兴趣的话题、须了解的症结、待明白的情节。翻阅这套丛书，仿佛让我们倾听到茶的声音，想象到茶的表情，感受到茶的内心，可咏、可品、可读，对全面了解中国茶事实情，推动中国茶业发展具有很好的启迪作用。

丛书文笔流畅，叙事条分缕析，论证严谨有据，内容超越时空，集茶事大观，可谓是理论性、知识性、实践性、功能性相结合的呕心之作，读来使人感动，叫人沉思，让人开怀。

承蒙组织者中国农业出版社厚爱，我有幸先睹为快！并再次为组织编著"名家问茶系列丛书"的举措喝彩，为丛书的出版鼓掌！

是为序。

桃国坤

2024 年 6 月

目录

第三篇

历代产茶地   / 30

第四篇

茶文化发展

第五篇

茶的哲理

第六篇
茶与儒释道 / 64

茶树原本是生长在我国西南山区原始森林里的一种珍贵"嘉木"。茶在中国的发现和利用有数千年历史了，已成为中国最具代表性文化符号之一。后来茶又走出国门，传播到世界各地，安家落户。

第一篇　茶之始

　　我们的祖先不仅在世界上最早发现茶和茶的功效，而且也最先发明了茶的驯化种植、加工制造以及利用方法等。如今，在世界五大洲，茶的种植方式、制造技术和饮茶风习等都直接或间接地出自中国，"茶的根在中国"。

1. 何为茶？

　　这个问题很难回答清楚，农民认为它是从土地上生长出来的农产品；商贾认为它是进行买卖交易的商品；医学家认为它是解渴生津的健康饮品；文化界认为它是一种有悟性的生命符号……总之，不同群体的人对茶有不同理解。其实，如果你把它看作是一种物质，那它仅仅是一片树叶，归属于物质产品；如果你把它看作是一种文化，那它是一种生灵和哲理，归属于精神产品。茶真是一片神奇的树叶，站在不同的角度，就会有不同的解释，以致产生不同的感悟和认知。

　　由于饮茶能使人身体健康，精神富有，因此在我国茶早已成为举国之饮，在人们生活中，茶的影子无处不在。如果说有什么东西能影响你的生活品质，茶无疑是重要的元素之一。但从植物学意义上而言，茶是一次种、多次收的多年生木本常绿植物。在植物学分类系统中，属于被子植物门、双子叶植物纲、山茶目、山茶科（Family Theaceae）、山茶属［Genus Camellia（L.）］。山茶属下分成多个组，茶属于茶组［Section Thea（L.）Dyer］，而茶组植物包括野生型茶树和栽培型茶树的所有物种。明白茶的这个概念很重要，因为它能指导我们把握茶的植物学特性，做好茶树良种繁育、茶园科学管理、改善茶叶加工工艺和设备等，以便生产出更多、更好品质的茶叶，供大家享用。

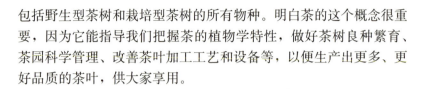

2. 茶的原产地在哪里？

大量史料和分析研判表明：我国西南地区，主要是指云南、贵州、四川和重庆及其毗邻地区是茶树的原产地。1980 年，在贵州晴隆出土了百万年前的古茶籽化石。又据《华阳国志·巴志》记载：早在 3 000 年前殷商周武王伐纣时（约前 1066），巴蜀地区的茶已作为贡品；其时还"园有芳蒻（魔芋）、香茗（茶树）"，表明当时的巴蜀地区（泛指今四川、重庆以及贵州、云南毗邻地区）已有人工在园内栽种的茶树了。在 2 300 多年前的秦汉时期，四川的葭萌（茶的别称）县以产茶出名，故而以茶命名，说明其地已是我国古代重要的产茶地。成书于秦汉年间的《尔雅·释木》中有"槚，苦茶（茶）也"记载；西汉王褒《僮约》中有"烹茶尽具"和"武阳（今四川眉山市彭山区）买茶"之说，表明在 2 000 ～ 3 000 年前，我国西南地区发现茶、利用茶的历史早已开始。

唐代陆羽在《茶经·一之源》中指出："其巴山峡川，有两人合抱者，伐而掇之。"说明在 1 200 年前中唐时期的巴山峡川，已发现许多古老的野生大茶树存在。

各国植物学家从山茶科、山茶属植物集中分布、原始型茶树群集出现、茶树植物的变异纷呈、茶叶化学分子结构与组成，以及地质变迁等多方面、多层次、多角度分析，都表明我国西南地区为茶树原产地的生长区域。只是在 19 世纪时，有人提出印度是茶树原产地的说法，可在古印度梵文中却找不到一个茶或者是指茶的文字，即便是现在的印地语和乌尔都语的"茶"字，也是出自我国汉字的读音。在美国萨拉·罗斯的《茶叶大盗》一书中，用详尽的史料揭露了印度种的茶，乃是 19 世纪中叶从我国盗窃去后才逐渐发

展起来的事实。如此，印度是茶树原产地之说也就不攻自破了。

3. 茶树的起源与演变是怎么发生的？

茶树起源于中国，但起源于何时？植物分类学家有两种说法：一是按茶树近缘植物比对估算，认为茶树是山茶属中一种比较原始种群，起源于距今约 3 400 万年前的渐新世时期；二是认为茶树是由第三纪宽叶木兰经中华木兰进化而来的，距今约有 100 万年以上历史。但无论哪种说法，都表明茶树起源已有千百万年历史了。

茶树起源后，由于历代出现的地质变迁，造成茶树各自所处的地理环境和气候条件不一，从而使茶树产生同源隔离分居现象，长此以往，最终使茶树逐渐形成了乔木型、小乔木型和灌木型三种，各自向着适应当地生态环境的方向发展。

（1）茶树沿着云贵高原的横断山脉，沿澜沧江、怒江等水系向西南方向，即向着低纬度、高湿度的方向演变，使茶树逐渐适应湿热多雨的气候条件。这一地区生长的茶树多以乔木型为主。

（2）茶树沿着云贵高原的南北盘江及元江向东和东南方向，即向着受东南季风影响，且又干湿分明的方向演变。这一地区生长的茶树多以小乔木型为主。

（3）茶树沿着云贵高原的金沙江、长江水系东北大斜坡，即向着纬度较高、冬季气温较低、干燥度增加的方向演变。这一地区由于冬季气温较低，时有冻害发生，茶树多以灌木型为主。

4 茶是怎样被发现的？

提到茶的发现，每每会提到"神农尝百草"的传说。传说虽与历史有差距，但在没有文字记载的远古时期，传说在一定程度上也是一种历史的追忆。清代《格致镜原》引《本草》云：神农尝百草之味，一日而遇七十毒，得茶以解之。其实，神农尝茶的故事在中国已流传数千年。鲁迅先生在《南腔北调·经验》中认为此说有夸大之嫌。但他又提出了自己的看法：古人一有病，最初只好这个尝一点，那个尝一点，吃了毒的就死，吃了不相干就无效，有的竟吃了对症的就好起来。于是知道这是某一种病痛的药。所以，可以认为神农是总结了原始社会先民长期生活斗争的经验，于是人们便把发现茶的功劳归于神化了的神农，把他看作是这一时期的先民代表，也是可以理解的。

至于原始社会用茶解毒，即使在今天看来，也是符合当时社会实际的，是有一定科学道理的。理论和实践都表明：饮茶有利健康，茶是健康饮品，具有消炎解毒和广泛的茶疗作用。所以，人民在推崇神农为发现和利用茶的鼻祖，并非凭空杜撰，实为先人实践所得，这是有道理的。有鉴于此，唐代陆羽在总结中唐以前先民经验的基础上，撰写了世界上第一部茶叶专著《茶经》，明确指出"茶之为饮，发乎神农氏"，表达的意思很清楚，即茶的应用始于神农氏。据此推算，可以说茶的发现，距今已有 5 000 年左右的历史了。

5. 茶最早是做什么用的？

茶的利用，一般认为是从药用开始，逐渐发展到食用和饮（料）用的，这是一个漫长的历史发展过程。"神农尝百草"的故事说明茶最先是作为一种药物开始的，这在古代许多文献中可以得到证实。回顾茶的发展历史，不难发现，如今广泛作为饮料用的茶，在早期时用途是多种多样的，最先是从神农开始作为治病解毒的良药，接着又做过佐餐的菜肴。此外，还当过祭天祀神的供物，直至作为朝廷的贡品、边境的饷银等。有些做法至今仍可在我国找到遗踪，如居住在我国各地不少兄弟民族，至今仍保留着以茶做菜的习惯；还有生活在云南边境的哈尼族、佤族等兄弟民族，至今他们还有用茶祭古树、祭山神、祭茶祖的做法，这是茶农对天地的感恩，对先民的怀念，也是对未来的祈祷。

关于茶的利用，当代著名茶学专家陈椽教授在《茶业通史》中说："我国战国时代第一部药物学专著《神农本草经》就把口传的茶的起源记录下来。原文是这样说的：'神农尝百草，一日遇七十二毒，得荼（茶）而解之。'"对此，清乾隆三十四年（1769）陈元龙《格致镜原》以及清光绪八年（1882）孙壁文《新义录》亦有相似记载，表明神农尝百草遇毒得茶而解的传说并非虚构，是有据可查的。同时，从神农尝百草所传递的信息也表明：在四五千年前，茶已作为解毒草药而被利用了。

另外，据晋代常璩《华阳国志·巴志》载：在 3 000 年前周武王伐纣时，在巴蜀一带还有用茶作贡品的记载。

6. 神农是何许人？

在我国古代传说中，神农是一个被神化了的人物，他不仅是我国最早发现茶、利用茶的始祖；同时，也是农业、医药以及其他许多事物的发明者。在中国人的想象中，神农是一个勤勤恳恳为人民服务的"老黄牛"，以致在古代神农画像中，头上总会长着两只角。与此同时，人们也提出疑惑：在原始社会时期，人们对事物的认识还处于朦胧和迷糊不清的状态，能有众多发明和创造于一体的人，似乎是不可能的。如《左传》所说："有烈山氏（炎帝神农之号）之子曰柱为稷，自夏以上祀之；周弃亦为稷，自商以来祀之。"表明神农是夏商间广为传颂和塑造出来的一个偶像，也就是说作为一个真实的神农可能是不存在的。

另据《庄子·盗跖》载："神农之世，卧则居居，起则于于，民知其母，不知其父，与麋鹿共处，耕而食，织而衣，无有相害之心。"可见神农传说，反映的是母系氏族社会向父系氏族社会过渡时期的一个氏族或部落的一些史实。按史料所述，神农从陕西宝鸡出生到湖南炎陵崩葬，前后长达六七百年之久，说明神农如果是一个人，何以能活到如此长命？不过神农作为一个氏族或部落对茶的发现和利用，特别是对茶的功效的实践与认识，即便放在今天，其理依然是可信的。加之，神农氏的活动范围很广，在我国陕西、四川、湖北、山东、江西、湖南等地都可找到活动踪迹。这不仅补证了我国秦汉以前茶史料的不足以及可供参考的史实，而且还由于神农氏的不断迁徙，也为茶在长江流域，直至黄河流域的传播和饮用起到一定的推动作用。

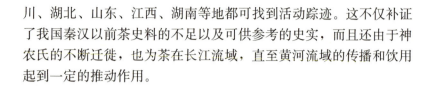

7. 古代对茶的称呼有哪些？

古时，茶的称呼有很多，尤其在中唐前更是如此。据陆羽《茶经·一之源》载："其字，或从草，或从木，或草木并。"并注释："从草，当作茶，其字出《开元文字音义》；从木，当作檟，其字出《本草》；草木并，作荼，其字出《尔雅》。"又载："其名，一曰茶，二曰檟，三曰蔎，四曰茗，五曰荈。"并注释："周公云：檟，苦荼。扬执戟（扬雄）云：蜀西南人谓荼曰蔎。郭弘农（郭璞）云：早取为荼，晚取为茗，或一曰荈耳。"其实，古书中可以查到的茶的称呼还有不少，如荈诧、水厄、葭萌、金饼等。

此外，在中国茶文化史上，茶还有不少别称，如不夜侯、王孙草、清友、余甘氏、酪奴、草中英、瑞草魁、森伯、涤烦子、凌霄芽等。有些别称时至今日，仍有所见，特别是人们对一些传统名优茶的称呼更是如此，如西湖龙井、六安瓜片、太平猴魁、庐山云雾、信阳毛尖、大红袍、金骏眉、凤凰单丛、洞庭碧螺春、都匀毛尖、蒙顶甘露等，在日常生活中，人们用不上冠以一个"茶"字，一听便知它指的是茶，大有"此处无茶胜有茶"之感。

8. "茶"字是怎么演变过来的？

在科学还不发达的古代，人们对茶有着不同的认识，加之地域的阻挡，风俗的不同，语言的差异，以及文字的局限，一名多物，或多名一物的情况时有发生。而用来表示"茶"称谓的字，早先用得最多的是"荼"字。后来，随着社会的发展和科学的进步，"茶"字便从一名多物的"荼"字中逐渐分化出来，演变成为一个特定的

"茶"字。

众所周知，一个独立完整的字，至少应包含"形""音"和"义"，三者缺一不可。据查，从"荼"字形演变成"茶"字形，始于汉代。在《汉印分韵合编》中发现在"荼"字形中有"𦭝"和"𦰚"书写法，这显然已向"茶"字形演变了，但还没有"茶"字音，也不知道指的是何物。由"荼"字音读成"茶"字音，始见于《汉书·地理志》，写到今湖南茶陵，古称荼陵。唐代颜师古注这里的"荼"字虽有"茶"字义，已接近"茶"字音，但却没有"茶"字形。种种迹象表明，从"荼"字形过渡到"茶"字形是有一个过渡期的。在过渡期内，曾出现过"荼""茶"并用的情况。南宋魏了翁《邛州先茶记》认为："惟自陆羽《茶经》、卢仝《茶歌》、赵赞《茶禁》以后，则遂易荼为茶。其字为草、为人、为木。"此外，明代杨慎的《丹铅杂录》、清代郝懿行《尔雅义疏》等著作中也有相似说法。按此分析，中唐时在对茶有着众多称呼的情况下，陆羽在撰写《茶经》时，将"荼"字减去一画，改写成"茶"字，使"茶"字从一名多物的"荼"字中独立出来，一直沿用至今，从而确立了一个形、音、义三者同时兼备的"茶"字，从此结束了对茶称呼混淆不清的局面。

9. 茶向外传播的路径与方式有哪些？

随着西汉张骞丝绸之路的开通，茶就逐渐通过陆上丝绸之路传到西域各地。接着，又随着海上丝绸之路的开通，茶又远航到世界各国。

中国地处东北亚，东面临海，南西北三面陆地，与周边许多国家相邻。在交通工具远不发达的古代，茶的向外传播自然是先从陆路传播到与我国接壤的邻国开始的。至于海上丝绸之路对外传播，指的就是茶经海路向外远航传播到世界各地的。

中国茶向外传播的方式很多，主要有7种：用茶作为礼品馈赠给外宾，由各国使者将茶带出国门，通过贸易方式将茶传到国外，应邀到国外发展茶叶生产，通过传教士将茶叶传入西方，他国窃取，采用拍卖方式将茶传播到世界各地。

如今，茶树在世界范围内的地理分布，北抵北纬 49°的乌克兰外喀尔巴阡以南，南至南纬 22°的南非纳塔尔以北的广阔区域内，共有 60 多个国家和地区种茶。至于饮茶的国家和地区已遍及全世界五大洲的 160 多个国家和地区。茶好比是一株扎根在中国的参天大树，它的枝叶已覆盖全球五大洲。

10. 中国各民族"茶"字是如何书写的？

"茶"字形是用来专门指茶的一种符号，但我国是一个多民族的国家，许多民族对茶的称谓有自己的发音和文字符号。现将各民族对"茶"字书写字形汇集如下：

我国部分民族的"茶"字形

语种	字形	语种	字形
汉族	茶	景颇族	hpa-lap
回族	茶	布依族	xaz
满族	ᡮ	哈尼族	laqbeiv
藏族	E	朝鲜族	차
侗族	xiic	拉祜族	lal
傣族	∞ᧈ	锡伯族	ᡮ
苗族	Jinl	傈僳族	lobei
壮族	caz	纳西族	ltl
彝族	ꁈꃀ	维吾尔族	چاي
白族	ZOD	哈萨克族	شاي
佤族	gax	俄罗斯族	Чай
黎族	dhe	柯尔克孜族	چاي
蒙古族	ᠴ		

11. 全球种茶的国家和地区有多少？

全球种茶的国家和地区有 67 个，已遍及世界五大洲。

亚洲有 21 个，它们是中国、印度、斯里兰卡、印度尼西亚、日本、土耳其、孟加拉国、伊朗、缅甸、越南、泰国、老挝、马来西亚、柬埔寨、尼泊尔、菲律宾、韩国、朝鲜、阿富汗、巴基斯坦和中国台湾。

非洲有 22 个，它们是肯尼亚、马拉维、乌干达、坦桑尼亚、莫桑比克、卢旺达、马里、几内亚、毛里求斯、南非、埃及、刚果（金）、喀麦隆、布隆迪、扎伊尔、罗得西亚、埃塞俄比亚、留尼汪岛、摩洛哥、津巴布韦、阿尔及利亚和布基纳法索。

美洲有 12 个，它们是阿根廷、厄瓜多尔、秘鲁、哥伦比亚、巴西、危地马拉、巴拉圭、牙买加、墨西哥、玻利维亚、圭亚那和美国。

欧洲有 8 个，它们是格鲁吉亚、阿塞拜疆、俄罗斯、葡萄牙、乌克兰、意大利、英国和苏格兰。

大洋洲有 4 个，它们是巴布亚新几内亚、斐济、新西兰和澳大利亚。

12. 世界各国"茶"的读音和字形是怎样的？

世界各国对茶的读音，大致可分为两大体系：一是普通话语音"茶"——"Cha"，主要分布在我国经由陆路传播到的邻国；二是地方语音"的"——"Tey"，主要是明末清初，一些西方远洋航行船队在我国贩运茶叶时，经由福建厦门等沿海地方读音传播过去的。只有欧洲的葡萄牙是个例外，葡萄牙语称茶为"Cha"，这可能与葡萄牙是我国最早向西方出口茶叶的国家有关。

世界部分国家的"茶"字形

语种	字形	语种	字形
汉语	茶	希伯来语	תה
英语	TEA	孟加拉语	চা
日语	茶	乌尔都语	چائے
韩语	차	印地语	चाय
泰语	ชา	冰岛语	te
法语	Thé	尼泊尔语	टी
德语	TEE	斯瓦希里语	chai
阿拉伯语	شاي	保加利亚语	чай
荷兰语	THEE	罗马尼亚语	ceai
西班牙语	TÉ	塞尔维亚语	чај
意大利语	TÈ	克罗地亚语	čaj
希腊语	τσάι	阿尔巴尼亚语	çaj
葡萄牙语	CHÁ	斯洛伐克语	čaj
俄语	чай	意第绪语	ייט
瑞典语	TE	丹麦语	te
匈牙利语	TEA	芬兰语	tee
越南语	Trà	爱沙尼亚语	tee
捷克语	čaj	拉脱维亚语	tēja
波兰语	herbata	亚美尼亚语	թեյ
拉丁语	Lorem Ipsum	印度尼西亚语	teh
土耳其语	çay	马来语	teh
波斯语	چای	乌克兰语	чай

13. 古籍中最早是怎样记载大茶树的?

　　早在1 700年前的三国,《吴晋·本草》引《桐君录》中就有"南方有瓜芦木,亦似茗"的记载,但对瓜芦木指的是否是茶树似有疑虑。但在《神异记》中就有晋代人虞洪"获大茗"的记述,只是这种说法比较笼统。唐代,陆羽《茶经·一之源》明确指出:茶,"其巴山峡川,有两人合抱者,伐而掇之"。说明在唐中期,巴山峡川已发现有"两人合抱"的野生大茶树存在。如今,在川渝南部的宜宾、南川,以及贵州西北部的赤水、桐梓等地依然有两人合抱的大茶树,在贵州习水等地还有"伐而掇之"的采茶习惯。宋代乐史《太平寰宇记》中,有泸州茶树,夷人常用悬梯攀登上树采茶的记载。沈括《梦溪笔谈》则称:"建茶皆乔木……"宋子安《东溪试茶录》中说:"柑叶茶树高丈余,径头七八寸。"明代云南《大理府志》载:"点苍山……,产茶树高一丈。"又《广西通志》载:"白毛茶,……树之大者高二丈,小者七八尺……概属野生。"20世纪40年代初,李联标等在贵州务川发现有野生大茶树生长。近年来,通过考察和调研,已在全国10个省区的200余处发现有野生大茶树,其中在云南省发现有树干直径在1米以上的野生大茶树至少有10多处,有的地区野生大茶树还成片分布,如在勐海南糯山发现有上万亩的古茶树林;在镇沅县千家寨的原始森林中,也有万亩野生大茶树群落分布;在西双版纳巴达大黑山密林深处还生长有一株树高30余米的野生大茶树。

　　另外,从20世纪80年代开始,又陆续在贵州普安及其周边地区的大山深处,发现有零星野生四球茶大茶树分布,这是一种古老而又原始的茶树物种。

14. 茶食是怎么产生的? 现今有哪些种类?

　　茶的利用,最早是从吃(食)茶开始的,之后转而在茶中加入其他食物共煮羹饮。至于既饮茶又尝点的做法则始见于1 600年前的两晋时期,如《晋中兴书》中的陆纳"以茶、果待客",《晋书》中的桓温"以茶、果宴客"就是例证。但"茶食"一词的出现还不到1 000年,始见于宋宇文懋昭的《大金国志·婚姻》:"婿纳币,皆先期拜门,戚属偕行,以酒馔往……次进蜜糕,人各一盘,曰茶食。"

茶食的种类很多,花式品种更多。如今,用茶或茶汁掺入食物,经再加工制作而成的茶食品种,主要的有五类,即茶食品、茶点心、茶饮料、茶菜肴和茶膳。与大众食品相比,茶食更有益于人体健康。这是因为在含茶的食品中,不但能使茶的营养成分得到全价利用,而且可以改善食品的滋味和色彩,还能增进茶和食的互补功能。其特点是恬淡,形小量少,耐咀嚼。

在现实生活中,茶与茶食往往是同时亮相的,一则可佐茶添话,二来能生津开胃,三是有待客示礼之意。

第二篇　茶事创立

自从茶被发现和利用以来，文化现象也随之而生，许多茶事也应运而生，并随着时间的演绎，茶文化的内涵得到充实和提升，特征和特性也更加显明，最终成为世界文化之林中的重要一员。

15. 早期先民是怎样认识茶树适生要求的？

我国先民对茶树适生的认识和了解，主要是从茶树与外界环境关系开始的，集中反映在陆羽《茶经》中。如"茶者，南方之嘉木也"，适合生长在"阳崖阴林""上者生烂石"。又据唐与五代间的《四时纂要》记载：在种茶开穴时，"熟劚，著粪和土"。又说："此物畏日，桑下竹阴地种之皆可。二年外，方可耘治，用小便、稀粪、蚕沙浇拥之。"还说茶若种在平地，"须于两畔深开沟垄泄水"等。

综合有关唐及五代时文献，先民对茶树生长环境要求至少已认识到：①茶树是一种喜温、喜湿，且适合南方生长的植物，在寒冷的北方是不适宜生长的。②茶树不喜欢阳光直射，具有耐阴生长的特点。③茶树最适宜生长在已分化的石砾土壤之上，黏重的黄泥土不利于茶树生长。④茶树要求生长在排水良好的地方，在地下水位高，或者是有积水的土壤中是不宜生长的。

上述几点认识，即便在今天，仍有现实指导意义。从宋代开始，先民们对茶树生长环境的认识就更多了，在宋代的《东溪试茶录》《大观茶论》《北苑别录》以及明清茶书中都有明确的记载。

16. 早期茶树是怎么种植的？

茶树从野生经驯化转为人工栽培，那早期的茶树是怎样种植的呢？最早明确谈到茶树种植方式的是陆羽《茶经·一之源》："凡艺而不实，植而罕茂，法如种瓜，三岁可采。"这里的"三岁可采"与现今情况基本相符，但"法如种瓜"又是如何施行的呢？据北魏贾思勰《齐民要术》记载：种瓜时，"先以水净淘瓜子，以盐和之。先卧锄，耧却燥土，然后捨坑。大如斗口，纳瓜子四枚、大豆三个，于堆旁向阳中"。另外，在唐末韩鄂的《四时纂要》也有记载："种茶，二月中，于树下或北阴之地开坎，圆三尺，深一尺，熟劚（掘地），著粪和土。每坑种六七十颗子，盖土厚一寸强。……旱即以米泔浇。"

综上所述，表明我国最早茶树种植是从种子直播开始的，采用的是开坑、穴播、多株、分丛无规则种植。至宋时，据金代《四时类要》记载，种茶方法仍然沿袭唐人之法。到明代，据罗廪《茶解》记载："茶喜丛生，先治地平正，行间疏密，纵横各二尺许，每一坑下子一掬，覆以焦土，不宜太厚。"表明在明代尽管采用的依然是茶子直播丛栽种植，但已有具体要求，且种植有规格，排列有次序，"纵横各二尺许"。

至于现在大家所见到的茶树种植法，主要采用的是无性系、扦插苗、单（双）行条栽法，大多是 20 世纪 50 年代末以来开始采用的。

17. 早期茶树是怎么修剪的？

我国的茶树修剪技术出现的时间较晚，直到清初，才在《匡庐游录》中提到：其地，"山中别无产……，树茶皆不过一尺，五六年后，梗老无芽，则须伐去，俟其再蘖"。从文字记载分析，这种"伐去"茶树树冠地上部和"俟其再蘖"的做法，就是最重的修剪技术，即如今的台刈技术。另外，在清初的《物理小识》中也谈道："树老则烧之，其根自发。"这种用火烧去茶树地上部，让茶树根茎重新发枝，再塑树冠的做法，也与现今的台刈技术相当，表明我国的茶树修剪技术台刈在明末清初就已形成。

此外，在晚清《时务通考》中还提道："种理茶树之法，其茶树生长有五六年，每树既高尺余，清明后则必用镰刈其半枝，须用草遮其余枝，每日用水淋之，四十日后，方去其草，此时全树必俱发嫩叶，不惟所采之茶甚多，所造之茶犹好。"这种做法相当于现今的重修剪技术。以上表明，我国早期茶树修剪技术的产生，是从最重的台刈开始，再发展到重修剪，最后才是轻修剪的。

18. 早期茶园栽培管理是怎么进行的？

我国的茶园管理技术实施为时久远。早在3 000年前的巴蜀一带，就园有"香茗"种植。只是由于古代文人大多不懂种茶，所以查阅有关茶园栽培管理方面的史料，直至唐时才有明确记载，但依然比较粗浅。唐末韩鄂《四时纂要》中，对茶园耕锄技术，只写到"耘治，以小便、稀粪、蚕沙浇拥之"之事。宋时，据《建安府志》载："开畲茶园恶草，每遇夏日最烈时，用众锄治，杀去草根，以粪茶根。"又说"若私家开畲，即夏半初秋各用工一次"。又如对幼年茶树管理，谈到可用"雄麻黍稷"遮阴。

到明代时，茶园肥培栽培管理技术更趋成熟，如程用宾《茶录》中指出："肥园沃土，锄溉以时。"罗廪《茶解》中，还对茶园"先治地平正"，以及对耕作、施肥、除草、间作等多个方面提出具体要求，表明从明代开始茶园管理已达到相当精细的程度了。

查阅清代有关史料，只是在茶园耕锄管理方法和内容上有所充实而已。

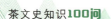

19. 早期茶树是怎么采收的？

我国古代的茶叶是如何采收的？已无法稽查，只有《茶经·一之源》中提到过一句：说远古时对茶叶采收，使用的是"伐而掇之"的方法，但这是对"两人合抱"的大茶树而言，所以只能砍下枝条，才能采收茶叶。不过在《茶经·三之造》中一开始就比较详细地谈到唐代茶叶采收问题，内容涉及三个方面：一是采收时间，"凡采茶，在二月、三月、四月之间"。按唐代使用的农历折算，大致相当于当代公历的三月底至五月底，这与现行的长江中下游一带的春茶生产季节大致是相同的。二是采收方法，凡生长在肥沃土壤里的茶树，芽叶粗壮，当枝条长四五寸，好像刚刚抽生的"薇蕨"时，"凌露采焉"，即可在有露水的早晨去采收。但生长在草丛中的茶树，由于枝条生长细弱，当有三、四、五枝条时，可选择其中长势旺盛的采收。三是采收注意事项，"其日，有雨不采，晴有云不采。晴，采之"。表明至迟在唐代，茶叶采收已有严格的要求。

同时，按《茶经·三之造》所述，我国早期采茶是只采春茶，不采夏茶和秋茶。至宋代，据苏辙《论蜀茶五害状》载："园户例收晚茶，谓之秋老黄茶。"表明入宋后，已有开始采收秋茶的做法，但也有可能这种采收方法只是局部地区的行为。到了明代，据许次纾《茶疏》记载：说茶叶采收，在"秋，七、八月重摘一番"，说明至迟在明代中期开始，采秋茶已成为常态。及至清代，按陆廷灿《续茶经》引王草堂《茶说》记载，武夷茶已有一年采春、夏、秋三季茶的习惯。现当代，海南等少数地方甚至还有一年采四季茶的做法。

20. 早期茶叶是怎么制造的？

茶叶制造是从劳动人民长期生产实践中总结出来的，但在唐代前，正如皮日休所言，如同"瀹蔬而啜"，采来便煮，何以有制茶方法可谈。直到三国魏时，根据张揖《广雅》记载："荆巴间采叶作饼，叶老者，饼成以米膏出之。"表明三国时，茶叶已由原先的采叶直接煮羹饮用，逐渐发展到用米膏制成茶饼后煮饮了。

至唐代，饮茶日益讲究，"饮有粗茶、散茶、末茶、饼茶"，它们都是不发酵的蒸青茶，这是制茶史上的一大进步，使茶叶制造方法更趋完善。不过唐代虽然茶有四种，但主要还是饼茶。依照《茶经·三之造》所述，饼茶加工分七道工序，即"晴，采之。蒸之，捣之，拍之，焙之，穿之，封之，茶之干矣"。就是茶叶采收后，先在甑釜中蒸，蒸过的茶叶用杵臼捣碎，再把捣碎后的茶末拍压成团饼状，最后将茶饼焙干穿孔，成串封存即成。捣而不拍的便是末茶，蒸而不捣的便是散茶。但从刘禹锡《西山兰若试茶歌》"斯须炒成满室香"来看，可能唐时已有制造炒青绿茶之举了。

宋代，茶叶制造方法与唐代相差无几，但饼茶制造有三个方面的改进：一是捣茶工具已由杵臼改为碾或磨，二是饼茶面部增加了纹饰，三是饼茶式样更趋多样化。

从元至明，散茶制造在全国范围内逐渐兴起，特别是从明代洪武初年开始，正式诏罢龙团，团饼茶除用来换取边马以外，大都停止生产，从此散（叶）茶独盛，并在全国范围内获得全面发展，影响至今。

21. 早期茶叶品质鉴定及发展轨迹？

茶的最初利用是从药用和食用开始的，如同做羹煮蔬一般。在这种情况下，对茶叶的品质并无多大要求。唐代，随着饮茶在全国范围内兴起，加之陆羽强调饮茶以清饮为好，才开始对茶叶品质提出了要求：鲜叶原料，须长四五寸；饼茶外形，有圆形、方形或花形；制茶方法，须经蒸、捣、压、焙；品质要求，香气要"香鲜馥烈"，滋味要"啜苦咽甘"，茶汤要白而有沫。特别是对饼茶品质要求，根据《茶经·三之造》分为八等，其中肥、嫩、色润的优质茶有六种：①胡靴：饼面有皱缩的细褶纹；②犎牛臆：饼面有整齐的粗褶纹；③浮云出山：饼面有卷曲的褶纹；④轻飙拂水：饼面呈微波状；⑤澄泥：饼面平滑；⑥雨沟：饼面光滑，但有沟痕。

瘦而老的次等茶有两种：①竹箨：饼面呈笋壳状，起壳或脱落呈筛状，含老梗；②霜荷：饼面呈凋萎荷叶状，色泽干枯。

从饼茶品质分级情况来看，主要评审的是饼面的外形和色泽，仅凭感官行事。

宋代，在《食货志》中提到有关禁止茶叶掺杂其他杂物的处罚规定，表明茶叶检验已提升到法规层面。

清代，由于远洋贸易的快速发展，茶叶掺假作伪时有发生。为此，西方各国纷纷颁布禁令，引起清政府注意。

民国时期是茶叶质量检验走向正轨的一个重要时期：茶叶质量检验方法开始从感官认知逐渐走向质量检验检测，特别是进入当代以后，形成和建立了规范的检验方法和检验机构，使我国茶叶质量检验检测步入规范化道路。

22. 早期贡茶是怎么产生的？

据《华阳国志·巴志》载：早在3 000年前，巴蜀就将茶与其他珍贵产品向周王朝纳贡了。又据《本草衍义》载："晋温峤上表，贡茶千斤，茗三百斤。"南朝刘宋时，据《吴兴记》记述：乌程县西北二十里有温山，出产御苑。不过，在唐代以前虽有贡茶之事，但并未形成定制。至唐时，不但规定各地名茶入贡，而且还于唐大历五年（770），在浙江长兴顾渚山设贡焙；至会昌中，贡额达18 400斤。《新唐书·地理志》中提及唐代贡茶产地达17州之多，最有名的是江苏宜兴的阳羡茶、浙江长兴的紫笋茶和四川雅州的蒙顶山茶等。

宋代贡茶更盛。据《宋史》载：贡茶产地达三十余个州郡。之后，宋太祖移贡焙于福建建州（今建瓯）的北苑，自此北苑便成为宋时全国生产贡茶的主要产地。又据《宋史·食货志》载："建宁腊茶，北苑为第一……岁贡片茶二十一万六千斤。"

元代贡茶沿袭宋制，继续以福建建瓯采制的龙凤团饼制作方式为模式，但制作中心已由北苑移至武夷山。

明代贡茶，初袭元制。洪武初，明太祖朱元璋罢团茶兴散茶，遂将贡团茶改为贡芽茶。据《枣林杂俎》载：明代有四十四州县产贡茶。

清代，贡茶产地进一步扩大，全国著名茶叶产地几乎均有贡茶生产，对各地贡茶的数量均有严格的规定。

23. 早期贡茶院是怎么建起来的？

唐开元以后，宫廷饮茶风气日盛，用茶数量渐增，已非一般土贡所能满足。至大历五年（770），因贡茶主产地江苏宜兴难以完成贡额，朝廷遂命浙江湖州郡在长兴置贡茶院于顾渚山。于是，在我国茶叶史上，就有了第一个贡茶院，专门为宫廷制造贡茶，即浙江长兴顾渚山贡茶院。史料表明，在茶叶发展史上，影响较大的贡焙是唐代浙江长兴的顾渚贡焙、宋代福建建州的北苑贡焙和元代福建武夷山的四曲溪贡焙。现简介如下：

（1）唐代贡焙始贡 500 串，至唐建中二年（781）进贡 3 600 串，到会昌中（841—846）增至 18 400 斤。时任吴兴（今浙江湖州）刺史张文规写了一首《湖州贡焙新茶》诗，说贡茶送达长安（今西安），宫女们便立即向正在寻春半醉而归的皇帝禀报。据《长兴县志》记载：顾渚贡茶院，自唐代宗大历五年（770）始，到明洪武八年（1375）止，长达 600 余年，最盛时有役工 3 万人，工匠千余人，制茶工场 30 间，烘焙工场 100 余所，产茶万余斤。

（2）宋时，由于天气逐渐变冷，同时建茶鹊起，于是建茶便成为贡茶的主要茶品，自此宋代贡焙南迁，移址于建安（今福建建瓯）建溪河畔的北苑。北苑便成为全国生产贡茶的主要产地。据宋代宋子安《东溪试茶录》载，其规模比唐时更大。

（3）元代贡焙，已由北苑移至武夷山九曲溪的四曲溪畔，与御茶园毗邻，其旁还有通仙井和喊山台，遗迹至今依存。

明清时，由于茶类改制，散茶在全国范围内兴起，使贡茶品种渐增，生产区域更广，也就无须专门新建贡焙了。

24 早期茶马互市是怎么产生的？影响如何？

茶马互市，初见于唐，但成制于宋，它是我国古代长期推行的一种茶马政策。统治阶级制定这项政策的初衷，是企图用内地的茶叶去控制不产茶的边区，再用边区换来的马匹强化对内地的统治，但客观上对促进兄弟民族之间的安定团结，以及加强经济和文化交流起到了良好作用。

茶马互市作为一种经贸往来，始于唐代。据唐代封演《封氏闻见记》载：茶"始自中地，流于塞外。往年回鹘（今新疆维吾尔族的祖先）入朝，大驱名马，市茶而归"。这里，说的就是以茶易马、茶马互市的情景，但当时并未形成一种制度，只是民间出现的一种商品交易而已。

入宋后，宋太宗太平兴国八年（983），盐铁史王明才上书："戎人得铜钱，悉销铸为器。"于是设"茶马司"，禁用铜钱买马，改用茶叶，或布匹换马，并成为一种法规。接着，在山西、陕西、甘肃、四川等地开设茶马司，用茶换取吐蕃、回纥、党项等少数民族的马匹。宋高宗绍兴初，改设为都大提举茶马司，职责是"掌榷茶之利，以佐邦用。凡市马于四夷，率以茶易之"。南宋时，全国有八个地方开设有茶马互市，即四川五场，主要用来与西南少数民族，特别是吐蕃的茶马互市；甘肃三场，全用来与西北少数民族，特别是与回纥、党项的茶马互市。

元代，因蒙古族不缺马匹，茶马互市暂告中止。

明代开始，茶马互市重新作为一项治国安民的国策，一直沿用到清代后期。可见在我国茶文化史上，统治者对茶马互市这项政策的重视。

25. 早期茶马古道是怎么形成的？ 共有几条？

茶马互市始见于唐，其用意是将内地所产之茶换取西域马匹，路线主要是沿着西汉张骞开通的丝绸之路，从陕西长安（今西安）出发，经甘肃河西走廊抵达敦煌后，过玉门关、阳关，经现今的新疆，直至中亚、西亚等地。

以后，随着茶叶生产的发展，历史上形成了多条以茶易马的茶马互市通道。其中，路线最长的要数万里茶道，它是继丝绸之路之后在欧亚大陆兴起的又一条重要的国际商道。万里茶道从我国福建崇安（今武夷山）起始，经江西、湖南、湖北、河南、山西、河北诸省，再经内蒙古自治区伊林（今二连浩特）进入蒙古国境内，尔后沿阿尔泰军台，穿越沙漠戈壁，经乌兰巴托到达当时的中俄边境通商口岸恰克图。全程约 4 800 公里。尔后，在俄罗斯境内继续延伸，从恰克图经伊尔库茨克、新西伯利亚、莫斯科、圣彼得堡等十几个城市，直至中亚和欧洲其他国家，使茶叶通道延长到13 000 多公里之遥。不过，"茶马古道"这个专有名词的呈现，却是 20 世纪末由云南提出的。当时是专指源于古代西南边疆茶马互市通道而言的。具体说来，主要有两条线路：一条从中国四川雅安出发，经泸定、康定、巴塘、昌都到西藏拉萨，再到尼泊尔、印度等国境内；另一条线路从中国云南普洱茶原产地（今西双版纳、普洱等）出发，经大理、丽江、中甸、德钦，到达西藏拉萨，经江孜、亚东，到达缅甸、尼泊尔、印度等国境内。如今，"茶马古道"这一名称泛指古代茶马互市通道。

26. 早期茶税是怎么产生的？

茶税的源起，有文字记载始于唐代。唐时，随着茶叶生产和消费在全国范围内兴起，茶的课税也随之出现。特别是中唐"安史之乱"以后，由于国库拮据，财政周转困难，于是在德宗建中元年（780），朝廷以筹措"常平仓"（古代储备粮仓）本钱为由，采纳侍郎赵赞建议，朝廷试用诏征天下茶税，"十取其一"，是为茶税之始。征税以后，发现税额十分可观，于是就将原本作为临时措施的筹措常平仓本钱改为定制固定下来，并与盐、铁并列，确立为主要的固定税种之一。据《旧唐书》和《新唐书》记载，茶自立税以后，为加强管控，朝廷又相继设立"盐茶道""盐铁使"等官职加以监管。如此一来，不但税额不因国库收支好转而有所减少，反而随着茶叶生产和贸易的发展，税额获得快速增长。至武宗会昌年间（841—846），除正税外，又增加了一种茶的"塌地税"，实为过境税。至宣宗大中六年（852），时任盐铁转运使的裴休还制订"茶法十二条"，严禁私贩，从而使茶税斤两不漏，茶叶专卖制度得到进一步加强，并演绎千年以上。直到2006年2月，国务院发布第459号令，宣布废止农业特产税为止。

27. 早期榷茶是怎么产生和实施的？

榷茶，其实就是茶的专卖制度，凡茶叶的种植、采收、烘焙、运销全由朝廷控制，私者不得经营。《唐会要》载："茶之有榷税，自涯（王涯）始也。"据查，榷茶始于唐大和九年（835）十月，唐文宗采纳重臣郑注"以江湖百姓茶园，官自造作，量给直分，命使者主之"。为此，朝廷诏命盐道转运使王涯兼任榷茶使，负责实施。于是王涯用"使茶山之人，移树官场，旧有贮积，皆使焚弃"的蛮横手段，强行推行榷茶法，规定民间种茶一律移至官营茶园；各户积贮的茶叶就地焚毁。凡茶的种植、制造、买卖，均归官府掌握，一改过去听由民众自由经营的局面。

王涯领命行榷茶仅一个多月时间，就因"甘露事变"被宦官仇士良杀害。又因榷茶法实施后，茶户怨声四起，遭到朝野普遍反对，江淮茶民甚至宣称要造反入山。为此，朝廷为缓解气氛，遂任命令狐楚继任榷茶史。大和九年十二月，令狐楚奏请停止榷茶，恢复税茶旧法，允许茶叶由民间种植制作，再由官府统一收购后，加价出售给茶商运销。所以，王涯推行的榷茶法，前后只有两个月时间就夭折了。

榷茶制度的推行，虽然给茶农增加了负担，但对保证朝廷财政收入有极大好处，于是唐王朝又重新命令狐楚将原有榷茶法作了一些变相修正后，强行继续推行，并新制订严法相辅。如此，榷茶法历代相沿，一直演绎至清代才废止。

28. 早期茶务培训和学制教育是怎么建立起来的？

经历两次鸦片战争后，我国割地赔款，开放通商口岸，清政府主权严重沦丧，无论是内政还是外交都面临着很大困境。为此，一些较为开明的官吏，如曾国藩、李鸿章、左宗棠、张之洞等极力主张学习外国先进技术，企图摆脱困境，维护清朝统治，从而开启了"洋务运动"。在这一大的社会背景下，我国茶业开始走向近代化，清光绪二十五年（1899），湖北正式开办茶务学堂，设立茶务课，这是我国茶叶设课的早期记载。

清光绪二十九年（1903），湖广总督张之洞等在"重订学堂"奏折中，就提出要求各产茶省区创办茶务学堂。1909年，湖北劝业道在羊楼洞茶叶示范场设置了茶业讲习所，用来培养茶叶专门人才。

至民国时期，在一些有识之士推动下，茶业教育开始逐步提升，从早期的培训教育，如开设讲习所、开办培训班等形式，转而建立茶业中等专业学校、职业学校，直至在大专院校中设置茶业专修科和本科教育，表明在民国时期，我国的茶业教育已开始从培训教育走向学制教育。

29. 早期茶业高等教育是怎么开始的？

进入民国后，由于受西方国家的影响，尽管当时环境条件极度恶劣，但一些有识之士在科学救国思想的推动下，仍然做了不少有益于促进茶叶教育的新举措，从最初的培训教育提高到茶叶中等或职业技术教育。20 世纪 30 年代开始，我国的茶业教育再上一层楼，出现了用高等教育来培养高级茶业专门人才。最先设置茶业学科的是广州中山大学，1930 年在中山大学农学院成立茶蔗部设茶作、蔗作两个专科，后改设 4 年本科，为茶业高等教育开了先河。1940 年，经上海迁往重庆的复旦大学代理校长吴南轩、教务长孙寒冰和财政部贸易委员会茶叶处处长吴觉农倡议，在复旦大学农艺系设立 4 年制茶叶本科和 2 年制茶叶专科，这是我国茶业史上第一个在高等院校设立的茶叶专业系、科。同年，杭州英士大学农学院设茶丝棉专修科，学制 1 年。1944 年，中央湄潭实验茶场与抗战时西迁湄潭的浙江大学联合在湄潭创办省立实用职业学校，专门设置茶叶科，学制 2 年，设有茶树栽培、良种繁育、茶叶制造、茶叶生化、审评检验等课程。其间，我国至少已有 4 所大专院校设置有茶叶专业的本科和专科教育。

　　20 世纪 50 年代开始，为尽快恢复茶叶生产，急需培养更多的茶叶专门人才，为此中国茶业公司中南区公司委托武汉大学农学院创办了 2 年制茶叶专修科，面向中南地区招生。1952 年重庆私立敦义农工学院与重庆西南茶业联营公司联合创办茶业专修科，招收高中毕业生和茶业职工入学，集中学习茶叶产制技术。1952 年全国高等学校院系调整，复旦大学农学院茶叶专修科并入安徽大学农学院。设在重庆的西南贸易专科学校茶叶专修科并入西南农学院园艺系。1952 年，浙江农学院新设茶叶专修科。1956 年，浙江农学院茶叶专修科、安徽农学院茶叶专修科分别改为茶叶系，湖南农学院农业专业茶作组改为茶叶专业。改组后的三所农学院的茶叶系（专业）均升格为培养本科生。自此以后，茶业高等教育渐入佳境，在全国范围内不断普及壮大。截至 2021 年底，我国至少已有 73 所高等院校开设有茶及茶文化专业，其中实施本科教育的有 32 所，专科教育的有 41 所。另外，还有招收茶学研究生的院校及研究机构 26 所。

30. 早期的茶叶研究机构是怎么诞生与发展的？

鸦片战争后，山河破碎，百姓穷苦不堪。在一些开明绅士推动下，1905年清政府指派江苏道员郑世璜赴印度、锡兰（今斯里兰卡）考察茶业。郑世璜回国后，分项罗列了印、锡茶业超越华茶的优势以及担忧，力主我国茶业要复兴，必须进行改革，并提出应对措施。为此，郑世璜身体力行，1907年，由他管辖的江南商务局选址江苏南京紫金山麓设立江南植茶公所，并在钟山南麓灵谷寺一带垦荒种茶。植茶公所实是一个茶叶试验与生产相结合的国家植茶机构，也是我国第一个用来专事茶叶的科学研究机构，可视为近代茶科技的发端。其时，国内很多茶农还不愿接受先进的种茶、制茶技术，特别是对机器制茶，多地茶农以穷乡僻壤、土地贫瘠为由，拒绝使用。为此，郑世璜一面向上陈述利弊，一面向茶农宣传使用机器制茶的好处。可惜，植茶公所后因辛亥革命爆发而终止。

1914年，北洋政府农商部湖北羊楼洞茶业示范场改名茶业试验场，建有试验茶园和实验茶厂。1915年，民国政府农商部又在安徽祁门创建祁门模范种茶场，这是我国最早建立茶叶专业试验示范茶场。接着，又在湖南岳阳、云南昆明、湖南安化、江西修水、安徽祁门、福建的崇安和福安、广东鹤山、湖北蒲圻、浙江嵊县（今嵊州）、云南思茅（今普洱）等地相继建立茶业改良（试验）场，开展茶叶试验研究，示范推广。如此在全国主要产茶区域内，茶叶科研机构布局已初现雏形。它们在推广先进茶叶生产、制造技术，培养茶叶专业技术人才等方面取得了不少成绩，促进了近现代茶叶科技的建立和发展。

31. 早期国家茶叶研究机构设在哪里？

1923年6月，云南省在昆明东乡创办了云南茶业实习所；1928年，湖南省在安化成立湖南茶事试验场；1932年，实业部中央农业实验所和上海、汉口商品检验局联合出资，将江西修水的宁茶振植公司改建为江西修水茶业改良场；1934年，全国经济委员会、实业部和安徽省政府联合成立祁门茶业改良场；接着，浙江省农林改良场茶场在嵊县（今嵊州）三界成立，云南省在思茅（今普洱）建立普洱茶业试验场。

1939年，经济部所属中央农业实验所和中国茶叶公司共同筹建湄潭实验茶场。1940年1月，农业部中央农业实验所湄潭实验茶场正式成立，这是我国第一个国家级实验茶场，拥有刘淦芝、李联标等一批著名茶叶专家参加试验研究。1941年4月，当时的财政部贸易委员会在浙江衢县（今衢州）万川成立了东南茶叶改良场。同年10月，东南茶叶改良场改名为茶叶研究所，这是我国第一个国家级的茶叶研究所，吴觉农任所长、蒋芸生任副所长，胡浩川、王泽农、钱樑等众多著名的茶叶科学家都在此工作，开展茶树栽培、茶叶制造、土壤肥料及农业化学等方面研究。只是由于当时政局动荡，国力不支，最终停歇，但它给我国的茶叶科学研究事业的发展带来了希望，见到了曙光。

如今的中国农业科学院茶叶研究所是1958年5月经国务院批准成立的，这是我国唯一的国家级综合性茶叶科研机构，位于浙江省杭州市西湖风景区。2001年6月经浙江省编制办批准，加挂浙江省茶叶研究院牌子。

32. 早期出国考察茶叶或留学的有哪些人？

清末民初，在"国富民强"的主导思想指引下，为复兴我国茶业，培养人才，各地先后派出有志青年出国考察或留学学习先进技术。据光绪二十四年（1898）《农学报》载：当时，福州商界派人去印度考察由英国人开办茶场的制茶技术。1905年，清政府又派江苏道员郑世璜等赴印度、锡兰（今斯里兰卡）考察茶业。1914年，云南派朱文精去日本静冈学习种茶、制茶。1916年，我国赴美参加巴拿马——太平洋国际博览会的监督陈兰熏通过对美国的实地考察，提出了《关于调查美国用茶之报告》。1919 年，浙江选派吴觉农和葛敬应赴日本静冈学习茶技。1920—1927 年，安徽先后选派汪轶群、陈鉴鹏、胡浩川、陈序鹏、方翰周等去日本学习茶技。

20 世纪 20—40 年代，我国还派出留学生去欧美等国留学，学习与茶相关的学科技术，如 1922 年，派蒋芸生去日本学习园艺；1933 年，派王泽农去比利时学习农业化学；1944 年，派李联标去美国学习生物等。这些派去的留学生，他们学成回国后都从事茶业工作，成为茶业科研战线的精英，为后来中国茶业发展做出了杰出贡献。

与此同时，1935 年，民国政府实业部还派吴觉农等赴印度、锡兰、印度尼西亚、英国、法国、苏联、日本等国家以及中国台湾地区，实地考察茶叶产销市场。之后，写有《印度、锡兰之茶业》《荷印之茶业》《日本和台湾之茶业》等多篇茶业考察报告，并对照中国茶业现状，找出差距，提出改进举措。

第三篇 历代产茶地

　　陆羽《茶经·一之源》开门见山，开篇就说："茶者，南方之嘉木也。"说茶是产于我国南方的一种珍贵树木。接着，在《茶经·七之事》引用的历史资料中，也可找到不少唐及唐以前的产茶地。并在《茶经·八之出》中，还详细叙述了唐代疆域内的产茶地。

33. 最早的种茶地在哪里？

　　史料表明，我国最早有关产茶地的文字记载是战国至汉初作品《尔雅》，其中记有"槚，苦茶"，但并未注明产自何地。而东晋（317—420）常璩的《华阳国志·巴志》中则写道："武王既克殷，以其宗姬封于巴，爵之以子……土植五谷，牲具六畜，桑、蚕、麻、纻、鱼、盐、铜、铁、丹、漆、茶、蜜……皆纳贡之。"还说到其地"园有芳蒻（魔芋）、香茗（茶树）"，将茶及其种植地的文字记载历史推到周武王伐纣时期的巴地。按《史记·周本纪》所述，周武王伐纣约在公元前 1066 年，表明至迟在 3 000 多年前，巴蜀一带已有茶树种植了。而据史料记载：古时的巴蜀是指四川盆地及其周边地区，大致范围相当于现今的四川、重庆及其附近的湖北、陕西、云南、贵州的接壤地区。

　　而在《华阳国志·蜀志》中记有"什邡县，山出好茶"，又说"南安（今四川乐山）、武阳（今四川彭山），皆出名茶"，说明在巴蜀一带，当时不但已有人工栽培的茶园，而且在四川的乐山、彭山还是名茶产地，表明在四川、重庆及其周边地区是我国最早、最主要的茶产区。此外，在《华阳国志·南中志》也记有："平夷县（指今云南富源县一带）……山出茶、蜜。"此外，《华阳国志·汉中志》也记有"买茶"之说。这些史料表明我国最先产茶地，按有文字记载历史，可推溯到春秋战国前殷周时期的巴蜀一带。

34 秦汉时期的产茶地有哪些？

查阅有关史料，秦汉时产茶区除了先前在《华阳国志》的《巴志》《汉中志》《蜀志》《南中志》等提到过的一些茶产地外，在西汉神爵三年（前59），王褒《僮约》中有"武阳买茶"的记述。而"武阳（今四川彭山）买茶"表明至迟在汉时，武阳就是茶的产地，而在四川成都一带，饮茶已成为富庶人家的生活习惯，茶已成为商品。据此推测，其地茶的种植与加工已发展到相当的程度，可以肯定的是茶树的人工栽培在一定范围内已较为普及，茶的加工技术也已达到符合当时商品茶的要求了。又据汉扬雄《方言》载："蜀人谓茶曰葭萌。"而明代杨升庵撰《郡国外夷考》曰："《汉志》葭萌，蜀郡名……《方言》'蜀人谓茶曰葭萌'，盖以茶氏郡也。"另外，还有很多汉时四川蒙山种茶的史料记载。

秦汉时，除巴蜀地区产茶外，人们还可从陆羽《茶经》所引用的《茶陵图经》"茶陵者，所谓陵谷生茶茗焉"找到湖南产茶的依据。众所周知，《茶陵图经》是一部关于茶陵的地理著作。茶陵古称荼陵，是我国县名中唯一出现茶字的一个县，建制于西汉，表明在秦汉时，茶作为一种饮料已开始从巴蜀蔓延开来，而种茶则也已扩展到长江中下游一带。

35. 六朝时期的产茶地有哪些？

六朝（222—589），通常是指我国历史上三国至隋代时期的南方六个朝代。其时，有多种史料表明，三国吴道士葛玄曾在浙江的天台山华顶和临海的盖竹山种茶，至今遗存犹在。三国傅巽《七诲》中谈到当时有八种珍品：而其中说到"南中茶子"，而南中的方位相当于现今四川大渡河以南及云南、贵州两省，表明三国时茶已被列入珍品行列，足见当时南中产茶盛况。

此外，六朝时的产茶区，至少还有《与兄子南兖州刺史演书》中的安州（今湖北安陆市）、《荆州土地记》中的武陵（今湖南常德市及所辖县、市）、《宋录》中的八公山（今安徽凤台县东南）、《吴兴记》中的乌程温山（今浙江湖州市西北）以及《桐君录》中的酉阳（今湖北黄冈市东）、武昌、庐江、晋陵（今江苏宜兴）、巴东（今重庆奉节县）等地产茶。

还有，在陆羽《茶经》中所引用的《夷陵图经》中提到的夷陵、《淮阴图经》中提到的淮阴、《永嘉图经》中提到的永嘉等地都是产茶地。

以上史料表明：六朝时期我国的产茶地至少已涉及如今的四川、重庆、云南、贵州、湖北、湖南、安徽、江苏、浙江等地，几乎覆盖了西南地区以及长江中下游流域各省。

36. 隋唐时期的产茶地有哪些？

唐时，在陆羽《茶经·八之出》中，把茶叶产区划分为：山南、淮南、浙西、剑南、浙东、黔中、江南和岭南八个茶区，分布在43个州、郡的44个县，但需要说明的是，当时云南因属南昭国辖地，所以在《茶经》中没有提及。按《茶经》及其他史料综述，唐代茶产区如下表所示。

《茶经》及其他史料中的唐代八大茶区及所属州（郡）和县

茶区	州郡名	县名
山南	峡州、襄州、荆州、衡州、金州、梁州、夔州	远安、宜都、夷陵、南鄣、江陵、衡山、茶陵、西城、安康、襄城、金牛

（续）

茶区	州郡名	县名
淮南	光州、义阳郡，舒州、寿州、蕲州、黄州、扬州	光山、义阳、太湖、盛唐、黄梅、麻城
浙西	湖州、常州、宣州、杭州、睦州、歙州、润州、苏州	长城、安吉、武康、义兴、宣城、太平、临安、于潜、钱塘、桐庐、婺源、江宁、长洲
剑南	彭州、绵州、蜀州、邛州、雅州、泸州、眉州、汉州	九陇、龙安、西昌、昌明、神泉、青城、丹棱、绵竹
浙东	越州、明州、婺州、台州	余姚、鄮县、东阳、丰县
黔中	思州、播州、费州、夷州、黔州	
江南	鄂州、袁州、吉州、江州	
岭南	福州、建州、韶州、象州	闽县

另外，综合陆羽《茶经》、李肇《唐国史补》等历史资料记载，其实唐代各地还有其他多个州、郡产茶，产地分布在现今的 15 个省级区域，它们是四川、重庆、浙江、湖北、湖南、陕西、河南、安徽、江西、江苏、贵州、福建、广东、广西、云南。

37. 宋元时期的产茶地有哪些？

宋代，茶树种植区域进一步扩大，生产区域已由唐代的 43 个州、郡的 44 个县扩大到南宋时的 66 个州、郡的 242 个县。

宋代茶叶以产片茶（即紧压茶）为主，但也有散茶生产。据史料记载，当时片茶的主要生产区域有：兴国军（今湖北阳新）、虔州（今江西赣州）、饶州（今江西上饶）、袁州（今江西宜春）、临江军（今江西清江）、江州（今江西九江）、池州（今安徽贵池）、歙州（今安徽歙县）、宣州（今安徽宣城）、福州（今福建福州）、建州（今福建建瓯）、潭州（今湖南长沙）、岳州（今湖南岳阳）、辰州（今湖南沅陵）、澧州（今湖南澧县）、鼎州（今湖南常德）、江陵（今湖北江陵）、光州（今河南潢川）以及两浙等地。散茶的主要产区是在淮南、荆湖、归州（今湖北秭归一带）和江南等地。

同时，根据气象学家研究结果表明，由于主要受气候变化的原因，北宋与唐代相比春季气温要下降2～3℃。由于茶树新梢萌发推迟等原因，使我国产茶的重心，特别是贡茶生产区域开始由江浙一带，向南转移到福建的建州一带，尤其是建安北苑、壑源所产的茶最为称著。

元代统治时间不长，产茶区域基本与宋代大致相当。

38. 明清时期的产茶地有哪些？

明代，我国茶叶生产有了长足发展，与唐宋时期相比产地有了大的发展。综合有关史料表明：明代，我国著名的茶产地有浙江杭州的龙井、天台的雁宕、括苍的大磐、东阳的金华、绍兴的日铸和长兴的罗岕，以及福建的武夷，湖南的宝庆（今邵阳），云南的五华，江苏的苏州，安徽歙县的松罗和霍山的大蜀等地。至清代中期，全国范围内大致形成了以六大茶类为中心的六个产茶区域，分别是：①以湖南的安化，安徽的祁门、旌德，江西的武宁、修水和景德镇的浮梁等地为主产区的红茶生产中心。②以江西的婺源、德兴，浙江的杭州、绍兴，江苏的苏州虎丘和太湖洞庭山等地为主产区的绿茶生产中心。③以福建的安溪、建瓯、崇安（今武夷山市）等地为主产区的乌龙茶生产中心。④以湖北的蒲圻、咸宁和湖南的临湘、岳阳等地为主产区的砖茶生产中心。⑤以四川的雅安、天全、名山、荥经、灌县、大邑、什邡、安县、平武、汶川等地为主产区的边茶生产中心。⑥以广东的罗定、泗纶等地为主产区的珠兰花茶生产中心。

总之，早先许多名声不大的产茶区，至清中期时已一跃成为重要的产茶区了。

39. 民国时期的产茶地有哪些？

　　1912 年 1 月 1 日，中华民国临时政府成立。其间，由于不断受到外国势力的侵略，以及国内不休的军阀混战和连年的内战，终使我国现代茶业生产跌入低谷，茶园荒芜，产茶地不断萎缩。据查，民国时期的茶叶生产，除对外贸易外，茶园面积和茶叶产量都是无据可查，仅仅是靠估计而已。根据 1920 年农商部调查估计，当时茶叶产量为 790 万担，以每亩 45 斤计，估计有茶园 17.56 万亩[①]。而至 1943 年估算，虽历经 23 年，但茶园面积、茶叶产量依然如旧。诚然，当时的国民政府也采取过一些措施，如 1932 年行政院农村复兴委员会将稻、麦、棉、丝、茶列为中心改良事业，并组建成立茶业改良委员会，专门负责茶业的复兴。1935 年，吴觉农、胡浩川制订《中国茶业复兴计划》，并根据茶区自然条件、经济状况、茶叶品质、分布面积及茶叶产品等情况，将民国时期我国茶叶产地划分为 13 个产茶区。其中，外销茶 8 个产区：分别为祁红、宁红、湖红、温红和宜红 5 个红茶产区，屯绿和平绿 2 个绿茶产区，福建乌龙茶产区 1 个；内销茶 5 个产区，分别是六安、龙井、普洱、川茶和两广，为发展茶叶生产献计献策。1937 年，实业部还成立了由中央政府和产茶各省政府与茶商合办的中国茶叶股份有限公司，意在拓展茶叶贸易，促进茶叶生产。但由于战争连年不断，人民处于水深火热之中，茶叶生产依然无力回天。1949 年，全国茶园面积仅有 15.3 万公顷，茶叶产量仅为 4.1 万吨，跌入历史低谷。但尽管如此，我国的产茶区域依然分布在全国 10 余个省份之中。

---

① 担、亩为非法定计量单位，1 担＝50 千克，1 亩＝1/15 公顷。——编者注

40. 现当代的产茶地有哪些？

　　20 世纪 50 年代初，我国茶产业发展的重点是恢复生产，同时发展部分茶园；20 世纪 60 年代开始，根据茶叶生产发展需要，实施南茶北移进山东，东茶西扩至甘肃、西藏，使我国种茶区域进一步扩大，分布范围更加广阔。现今的种茶区域，南自北纬 18°附近的海南五指山，北抵北纬 38°附近的山东青岛，所占纬度达 20°；西从东经 94°附近的西藏林芝，东至东经 122°的台湾宜兰，横跨经度约 28°。南北东西中，纵横万千里，种茶遍及浙江、湖南、四川、福建、安徽、云南、广东、广西、贵州、重庆、湖北、江苏、江西、河南、海南、西藏、山东、陕西、甘肃 19 个省区市，以及台湾、香港 2 个特别行政区的 1 100 余个县、市。

　　此外，在上海、河北局部地方也有茶树种植。种茶区域地形复杂，气象万千，地跨热带、亚热带、温带。其内有山清水秀的东南丘陵，有群山环抱的四川盆地，有云雾缭绕的云贵高原，有春色满园的台湾宝岛，有恒夏多雨的西双版纳等地。

　　在中国农业科学院茶叶研究所《中国茶树栽培学》（上海文化出版社，1986 年）中，根据产茶历史、茶树类型、品种分布、茶类结构，结合全国气温和雨量分布，以及土壤地带的差异等条件，经过综合分析和研究比较，将全国茶叶产地划分为华南、西南、江南、江北四大茶区，一直沿用至今。

区名	位置	区域
江北茶区	集中在长江以北地区	甘肃、陕西、安徽北部、江苏北部、山东、河南
江南茶区	集中在长江以南地区	安徽南部、江苏南部、福建北部、湖北、湖南、江西、浙江
西南茶区	集中在西南地区	云南、贵州、四川、重庆、西藏
华南茶区	集中在南部地区	福建南部、广东、广西、海南、台湾、香港

41. "绿茶金三角"为何地?

"绿茶金三角"是指浙皖赣三省交界的盛产优质高山生态绿茶的三角形地域。这是因为在历史上全国有将近1/3的绿茶产于浙、皖、赣三省。而浙、皖、赣三省交界的高山茶区又是中国传统优质出口绿茶婺绿、屯绿和遂绿的集中产地。

一般认为,"绿茶金三角"可分为三个层次:小三角、中三角和大三角。小三角是指"绿茶金三角"核心产区,它包括安徽的休宁、江西的婺源、浙江的开化及其周边地带。中三角即为"绿茶金三角",是传统出口绿茶品质最优秀的屯绿、婺绿、遂绿的主产地。包括安徽黄山地区、江西的上饶地区和景德镇以及浙江的衢州地区和淳安、建德一带。大三角是指"绿茶金三角"的外延地域,可称为"泛绿茶金三角",通指浙皖赣三省,北纬28°~32°范围内盛产优质绿茶的大三角区域。包括浙江大部、江西的东北部、安徽皖南及皖北沿江部分地区。其地所产名优绿茶,如黄山毛峰、六安瓜片、休宁松萝、太平猴魁、庐山云雾、婺源茗眉、鸠坑毛尖、开化龙顶等100多个,它们高度集中产于这个区域。

其实,我国是一个以生产绿茶为主的茶叶生产大国,绿茶生产遍及全国所有产茶省区市,每个生产区域都有名优绿茶生产,只是金三角地区的名优绿茶生产更为集中罢了。

第四篇 茶文化发展

自从茶被发现利用以后，茶文化也紧随其后，接踵而至。如此，历经千百年的成长壮大，茶文化内容也不断扩大、内涵不断提升，并形成了茶文化自身固有的特征、特性，最终成为中华文化宝库的重要组成部分。

42. 茶文化的含义是什么？ 如何解读？

何谓茶文化？仁者见仁，智者见智，说法不一，大致有三种概念。

持广义概念的如程启坤在《中国茶叶大辞典》"茶文化"词条释文中说："茶文化，人类在社会历史发展过程中所创造的有关茶的物质财富和精神财富的总和。它以物质为载体，反映出明确的精神内容，是物质文明与精神文明高度和谐统一的产物。"

持狭义概念的如阮浩耕在《人在草木中丛书·序》中说："如果试着给茶文化下一定义，是否可以是：以茶叶为载体，以茶的品饮活动为中心内容，展示民俗风情、审美情趣、道德精神和价值观念的大众生活文化。"

持中义概念的如丁以寿在《中国茶文化》绪论中说：广义茶文化内涵太广泛，狭义茶文化（精神财富）又嫌内涵狭隘。因此，我们既不主张广义茶文化概念，以免与茶学概念重叠，也不主张狭义茶文化概念，而是主张一种中义的茶文化概念，介于广义和狭义的茶文化之间，从而为茶文化确定一个合理的内涵和外延。……茶文

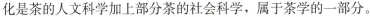

化是茶的人文科学加上部分茶的社会科学，属于茶学的一部分。

综上所述，表明对茶文化一词至今还没有一个普遍认同的定义，然而茶文化是在茶被应用和品饮的过程中所产生和形成的文化，这一点多数茶文化研究者已达成共识。由此，综合各家之言，作者认为：茶文化就是人类在发展、生产、利用茶的过程中，以茶为载体，表达人与自然、人与社会、人与人，以及人与自我之间产生的各种理念、信仰、思想感情、意识形态的总和。

43. 为什么说先秦是茶文化的朦胧期？

1980 年，贵州晴隆发现了一粒种子化石，经中国科学院南京古生物研究所等专家鉴定，认定它是"新生代第三纪四球茶的茶籽化石"，距今已有 100 万年历史。1990 年，考古学家在浙江萧山跨湖桥遗址中，发现了一颗疑似山茶科植物茶树种籽，测定年代为距今 7 000～8 000 年。2004 年，在相距浙江余姚河姆渡遗址 7 公里的田螺山遗址中，经考古、史学、茶学等专家综合认定，发现有 5 500 年前人工种植的茶树根遗存。

不过，按唐代陆羽《茶经》记载：茶的饮用始于神农氏，至鲁周公时才传闻于世，表明茶的利用距今有 5 000 年左右的历史了。

东晋常璩《华阳国志·巴志》载：早在周武王伐纣时，巴地不但有人工栽培茶树，还出现了以茶为珍品的贡品，表明 3 000 年前茶已出现和融入上层社会之中。

西汉文学家扬雄《方言》载：早在周克殷以后，巴地出产的包括茶叶在内多种产物已成为纳贡之物。

诸多事例表明，远在先秦时期，我国的先民已开始有饮茶、种茶、制茶、藏茶之举了，但对茶的利用主要还处于药用、食用转为饮用的过渡时期，虽然随之而生的茶文化基因已植根其中，但依然处于模糊不清的朦胧状态。

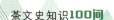

44. 为什么说秦汉是茶文化的孕育期？

在成书于 2 200 年前秦汉年间的字书《尔雅》中，其内有"槚，苦荼"之说。东汉许慎撰、北宋徐铉等校定的《说文解字》中说：茶，苦荼也，……此即今之茶字。特别是在唐代陆羽《茶经》中提到的《茶陵图经》："茶陵者，所谓陵谷生茶茗焉。"表明汉时种茶已扩展到长江中下游地区。

又据陆羽《茶经·七之事》载："汉仙人丹丘子、黄山君、司马文园令相如、扬执戟雄。"陆羽在谈及诸多发生在中唐前的茶事时，特别提到汉代四位茶人，其中丹丘子和黄山君都是与种茶、饮茶相关的仙人。司马相如为蜀地成都人，西汉武帝时因"通西南夷"有功，出任孝文园令，所以称他为司马文园令。他所著的《凡将篇》中，记录了当时的 20 种药物，其中谈及的"荈诧"便是茶。这是把茶作为药用的最早文字记载。此外，还有许多史料记载，在四川雅州府蒙山还种有仙茶。

与此同时，饮茶器具也开始从食具中分离出来，浙江上虞出土的东汉越窑茶器和湖州出土的嵌有"茶"字的东汉晚期四系罍就是例证。总之，已有不少史料表明，至迟在秦汉时，茶作为一种饮料，已开始从巴蜀逐渐蔓延至长江中下游地区。茶文化作为一种现象，已开始孕育。

45. 为什么说六朝是茶文化的呈现期？

进入六朝后，饮茶进一步在社会上流传开来，并开始浸润到多个精神层面，特别是上层社会，以茶为雅、以茶健身、以茶为友、以茶养廉等文化现象，已开始不断呈现。

三国时，仙道家葛玄在浙江天台山、盖竹山开山种茶炼丹养生，为后人赞赏不已。在华佗《食论》中有"苦荼久食，益意思"之句，表明三国时，茶的药理功能已为人知，饮茶能使人清醒。在傅巽《七诲》中，写到当时有 8 种珍品，"南中茶子"列入其中，表明三国时茶已列为珍品。此外，在《三国志·吴志·韦曜传》中，当时还有"以茶代酒"之举。

晋代，咏茶诗赋开始涌现。左思的《娇女》、张孟阳的《登成都楼》、孙楚的《孙楚歌》、王微的《杂诗》、鲍昭妹令晖的《香茗赋》等作品就是例证，表明当时饮茶之风已开始在文人中兴起，品茶吟诗作赋，已成为雅举。在《晋中兴书》中，有陆纳用茶、果待客；《晋书》中，有桓温以茶、果宴客之举，用以标榜节俭。在《晋书·艺术传》中，还记有单道开坐禅时，用饮"茶苏"来防止睡眠，这是佛教与茶结缘的最早文字记录。

南朝时，齐世祖武皇帝萧赜是一个佛教信徒，在他的遗诏中开创了"以茶为祭"的先河。在南朝陶弘景的《杂录》中，又有关于茶能"轻身换骨"之说。

总之，种种事象表明，六朝时饮茶不但在上层社会得到流传，而且饮茶内涵逐渐深化，进入精神领域。茶文化的事象至此已日渐显露，开始培育成长。

46. 为什么说隋唐是茶文化的形成期？

隋唐时，特别是中唐以后，茶文化勃兴，众多茶文化事象涌现于世，特别表现在以下几个方面。

（1）茶叶生产在全国范围内兴起：综合史料表明，产茶区域已遍及现今的 15 个省区市，当时有 80 个州、郡产茶，与当今产茶区域基本接近，而饮茶已在全国范围内兴起。

（2）开创撰写茶书先河：陆羽《茶经》是世界第一部茶文化专著，为引领和推动茶及茶文化的发展起到了重要的作用。许多论述至今仍有现实指导意义。

（3）首开茶政茶法先例：随着茶在全国范围内的兴起和发展，自唐建中元年（780）征收茶税开始，茶政茶法应运而生。以后一直沿用，直至 21 世纪初取消农业特产税为止。

（4）创立茶道，使茶的影响更加深远：诗僧皎然在《饮茶歌诮崔石使君》诗中，首提"茶道"一词。接着，封演在《封氏闻见记》中也将饮茶之法，称之为"茶道"。自此，茶道便在海内外传播开来，影响至今。

（5）大兴茶宴、茶会之风，成为重要聚会活动：以茶为宴，兴盛于唐代。在钱起的《与赵莒茶宴》、鲍君徽的《东亭茶宴》等众多诗篇中都有阐述。而朝廷每年举行的清明茶宴，更是大唐气势辉煌的展现。此外，还盛行茶会，在钱起的《过长孙宅与郎上人茶会》诗中就可窥见一斑。

（6）茶及茶文化不断向外传播：茶的向外传播路线，陆路主要有两条，一是沿着丝绸之路，以茶马互市的形式，将茶源源不断地输入西域，直至中亚、西亚等许多国家；二是通过文成公主下嫁吐蕃（指西藏民族）松赞干布，以和亲的方式，将茶和饮茶习俗传播到西藏。海路主要是通过佛家东传朝鲜半岛与日本。

（7）其他茶文化事象的呈现：通过文人的加工提炼，为后人留下众多与茶相关的文学艺术作品。

其他茶文化事象还有，最能体现饮茶习俗和民族风情的茶馆，自"自邹、齐、沧、棣，渐至京邑城市"，达到"多开店铺，煎茶卖之，不问道俗，投钱取饮"的程度。在陕西法门寺地宫出土的金银茶具、秘色瓷茶具、琉璃茶具，都是王室饮茶盛行的有力证据。与此同时，自唐开始，还形成了茶礼、茶俗、茶禅、茶德等一整套道德风尚和社会风情。

综上所述，自唐开始，诸多茶文化事象已在全国范围内呈现，茶文化体系已基本形成。

47. 为什么说宋元是茶文化的昌盛期？

与唐代相比，宋元时期茶文化更加繁荣昌盛，突出表现在以下几个方面。

（1）产茶区域进一步扩大：茶叶生产区域与唐时相比进一步扩

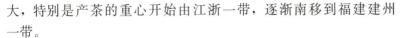

大，特别是产茶的重心开始由江浙一带，逐渐南移到福建建州一带。

（2）斗茶之风勃兴：入宋后，由于朝贡的需要，使斗茶之风很快在全国各地兴起，特别是在贡茶主产地建安（今建瓯）一带，朝野热衷斗茶，甚至达到白灼化程度，为的是斗出贡品，向朝廷进贡，达到报功请赏的目的。

（3）茶馆业获得快速发展：随着饮茶在全国范围内普及，城镇茶馆业得到大的发展，不但数量多，而且形式多样。这在北宋《东京梦华录》和南宋《梦粱录》中都有详尽记载。

（4）君主重臣著书立说助推茶文化发展：宋徽宗赵佶著《大观茶论》，蔡襄、丁谓、熊蕃、苏轼、黄庭坚、欧阳修、秦观、梅尧臣、范仲淹等数十位朝廷大臣都留有崇茶、尚茶墨迹。依现有史料，宋代茶书有据可查的至少有 25 种之多。至于诗词，至少有5 600 余首，印证了"上有所好，下有所效"的古训。

（5）茶类开始变革：与唐代相比，宋代在团饼茶的制作技艺上有新的突破，形式更多，做工更精。就茶类而言，蒸而不碎，碎而不拍的散形"草茶"逐渐增多。至南宋时，散茶生产开始占据主要地位。在元代王祯《农书》中，谈到宋末元初时，团饼茶已不多见，散茶开始大量涌现。

（6）茶政、茶法更趋完善：宋代，一切以增加朝廷财政收入，安抚边疆，服从军需为前提，促使茶政、茶法更趋完善，官营官卖的榷茶制度和边茶交易的茶马互市政策成为基本国策。直到元代，因蒙古族本身有大量战马，才中止了以茶易马互市的实施。

48. 为什么说明清是茶文化的发展期？

明清时，虽说茶事纷繁复杂，但总的说来是继续发展的，突出表现在六个方面。

（1）茶政、茶法更加严厉：以茶易马始终是明朝政府控制青藏地区的基本政策，并专设茶马司，专管茶马互市。明太祖朱元璋还不为私情所致，处决了贩卖私茶的驸马欧阳伦。清代，茶政、茶法基本沿袭明制，直到清代末期才废止。

（2）茶类发生新变化：明太祖在建国初年，诏令"罢龙团，兴叶茶"，促使炒青散叶绿茶的发展，还促使多茶类的产生。清代，贡茶产地分布更加广阔，使各类名优茶快速发展，品种达数百种之多。

（3）饮茶方法有创新：明清时期，散茶在全国范围内兴起，从而使饮茶方法改为直接用沸水冲泡，唐宋时的煮茶或点茶等法基本消失，采用开水直接冲泡的沏茶法。

（4）饮茶器具焕然一新：明清时由于饮茶直接采用沸水冲泡，以及六大基本茶类的产生，促使与饮茶相关的器具发生了很大的变化，茶具种类变得更加多姿多彩，特别是江苏宜兴的紫砂茶具和江西景德镇的瓷器茶具，更是名重天下。

（5）对外贸易迅速崛起：明清时，茶叶对外贸易重心从陆路转向海路，并迅速发展到一个新的水平。19世纪80年代中期，我国茶叶出口占到世界茶叶出口总量的80%以上。但从19世纪80年代末开始，随着印度、斯里兰卡、日本等新兴产茶国兴起，我国茶叶出口受阻，逐渐走向衰落。

（6）茶业开始走向近代化：经历两次鸦片战争后，一些较为开明的官吏掀起了一场"师夷长技"的"洋务运动"，如1898年，派人去印度考察制茶技术；1899年，湖北开办茶务学堂；1905年，两江总督派郑世璜去印度、锡兰考察茶业等，结果虽然成效不显，但促进了民族资本的产生。

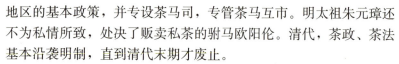

49. 为什么说民国时期是茶文化的衰退期？

进入民国后，尽管当时环境条件极度恶劣，但一些有识之士受西方影响，在科学救国思想的推动下，依然做了不少有益于促进茶业发展的新举措。如效仿国外，建立茶叶试验（实验）场，设置茶叶科研机构;派遣有志青年出国留学深造,学习外国茶业先进技术;兴办茶叶教育,力主文化兴邦,从培训教育逐渐走向学制教育;去国内外调研考察,引进先进技术与机器设备,力图改变茶业落后状况。

但面对内忧外患,国难当头,虽几经挣扎,但仍无回天之力。突出表现为:生产走向极度荒芜。民国时期茶园面积和茶叶产量无记录,仅靠估计而已。1949年,全国茶园面积仅15.3万公顷,产茶仅4.1万吨,跌入历史冰点。对外贸易跌入低谷。清代末期,随着印度、锡兰、日本茶业兴起,茶叶对外贸易竞争激烈,1920年中国茶叶出口量仅为1.85万吨。1937年,抗日战争爆发,又给茶叶对外贸易带来极大困难。1941年,太平洋战争爆发,海上航线中断,茶叶出口量不到1万吨。至1945年抗日战争结束时茶叶出口量仅有480吨。接着,解放战争开始,至1949年,茶叶出口量依然不足1万吨,趋于严重衰退期。

50. 为什么说当代是茶文化的复兴期?

进入当代以来,我国茶产业、茶文化、茶科教等开始全面复苏,特别是自改革开放以后,更是步入快速发展新轨道。

(1)2021年与1949年相比,茶园面积从15.3万公顷扩展到326.4万公顷,增加20.3倍,位居世界第一;茶叶产量从4.1万吨增加到306.3万吨,增加74.7倍,位居世界第一;茶叶出口量从0.99万吨上升到36.9万吨,增加36.3倍,位居世界第二;茶叶内销量达到230.2万吨,人均年消费量达到1600克以上,成为全球最大的消费国。

(2)1958年,中国农业科学院茶叶研究所在杭州成立。1978年,全国供销合作总社又在杭州成立茶叶蚕茧加工研究所(今杭州茶叶研究院),使我国茶叶研究机构渐趋完善,研究成果显著。现今全国已有14个主要产茶省(区)相继建立了省级茶叶研究机构。

（3）当代全国茶学教育体系主要由普通高等教育、职业中等教育和普及教育三个方面组成，较为完整的茶学高等教育体系已经建立，全国至少已有73所高等大专院校设立了茶及茶文化学科（或专业），另有26所院校（所）招茶学硕士和博士研究生。

（4）茶文化学术氛围浓厚。从1990年开始，国际茶文化研讨会已连续在国内外举办了十六届。全国各地有茶文化期刊数十种。近年来，每年发表论文数以千计，每年出版著作两百余部。许多省区及高校还专门成立了以研究茶文化为己任的研究机构，开展专题研究。

（5）茶艺、评茶、调饮成为一种职业。茶艺师、评茶员国家职业标准已由人力资源和社会保障部颁发实施。《茶艺行业规范》和《茶馆在职人员培训法规》也已出台。全国茶艺师、评茶员职业技能教材已编写出版，以培训茶的职业专门人才为内容的技术培训，已在全国各省区市开展。

（6）自20世纪80年代以来，全国各地相继建立了一批以弘扬茶文化为主题的博物馆，特别是随着1991年中国茶叶博物馆的建立和开放，标志着中国茶文化建设进入一个新的境地。如今，全国以茶为专题的博物馆至少有80多家。

（7）全国现有茶馆不下20万家，从业人员200万人以上，主要社会功能已从饮茶歇脚、互通情报、文化传承逐渐转变成为信息沟通、知识普及、技能培训、文化展示等为主的传播渠道，以及集餐饮、休闲、教育于一体的交流平台。

（8）如今，全国有茶及茶文化社团组织6个，分别是中国茶叶学会、中华茶人联谊会、中国国际茶文化研究会、中国茶叶流通协会、中国食品土畜产进出口商会茶叶分会、海峡两岸茶业交流协会。另外，在全国至少有30个省区市和特别行政区相继成立了茶文化省级和副省级社团组织。至于地市级、县市级茶文化社团组织则更多。有的地方，还涌现出乡镇级茶文化社团组织。

（9）据1999年统计，我国有历史传统名优茶、创新名优茶

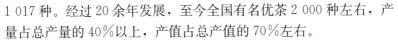

1 017 种。经过 20 余年发展，至今全国有名优茶 2 000 种左右，产量占总产量的 40%以上，产值占总产值的 70%左右。

此外，茶文化旅游和茶庄园建设、茶新产品和茶深加工产品开发、茶器具创新品种的涌现等方面，亦已取得较大成绩。

51. 茶文化概念是什么时候提出的？

在我国，茶文化作为一种现象的呈现与发展，已有数千年之久。但"茶文化"这一新名词的提出和引用，始于 20 世纪 80 年代。1984 年初，在祖国大陆，当代著名茶学家庄晚芳率先发表《中国茶文化的传播》，明确提出"中国茶文化"这个新名词。以后，又先后发表《茶叶文化与清茶一杯》《略谈茶文化》等文章，重提茶文化这个名称。几乎在同一时期，祖国宝岛台湾，吴智和出版了《茶的文化》。接着，张宏庸在《茶艺》一书中，也提出了中国茶文化之说。尔后，又有范增平等发起成立"中华茶文化学会"。可见，20 世纪 80 年代初"茶文化"这个新名词在海峡两岸几乎同时出现，并逐渐走进人民大众的视线。

1989 年 9 月，在北京举办国际性大型茶文化活动"茶与中国文化"展示周；1990 年 10 月，在浙江杭州举行了首届"国际茶文化研讨会"；1993 年 11 月正式成立了"中国国际茶文化研究会"；同年，在江西南昌也成立了"中国茶文化大观"编辑委员会，并着手编辑出版了《茶文化论丛》《茶文化文丛》。综上表明，20 世纪 80 年代初开始，"茶文化"这一新名词已渐入潮流，广受关注。

52. 茶文化概念是什么时候确认的？

1991 年 4 月，王冰泉、余悦主编的《茶文化论》出版，该书收录了余悦（笔名：彭勃）撰写的《中国茶文化学论纲》，对构建中国茶文化学的理论体系进行了探讨，认为中国茶文化是一门独立的学科；还提出了中国茶文化结构体系这一概念。1991 年 5 月，姚国坤、王存礼、程启坤编著的《中国茶文化》出版，这是第一本以中国茶文化冠名的著作。1991 年，江西省社会科学院主办、陈文华主编的《农业考古》杂志推出《中国茶文化专号》，发表了陈香白的《中国茶文化纲要》等一批有分量的学术论文。1992 年，王家扬主编的《茶文化的传播及其社会影响——第二届国际茶文化研讨会论文选集》在台北出版。同年，朱世英主编的《中国茶文化辞典》出版，这是第一部关于中国茶文化的辞典。可见，在 20 世纪 90 年代初，"茶文化"作为一个新概念已被确认，表明从茶文化这个新名词出现到新概念的确认，仅仅用了 10 年左右的时间，反映了茶文化发展的迅猛与紧迫。后来不断有人通过研究、总结和提炼，对茶文化的概念进行阐释，如詹罗九《茶文化浅说》、刘勤晋主编《茶文化学》、陈文华《中国茶文化基础知识》和《长江流域茶文化》、姚国坤《茶文化概论》等，他们都从不同角度进一步完善了茶文化这一新概念的内涵。

53. 茶文化学科是什么时候确立的？

早在 1991 年，余悦就撰文呼吁建立"中国茶文化学"；1992 年，王玲的《中国茶文化》中也提出构建"中国茶文化学"的设想。紧接着一批茶文化学者，从不同的角度对茶文化学科体系的建立和完善做出各自的努力。1995 年，阮浩耕、梅重主编的《中国茶文化丛书》；1999—2002 年，余悦主编的《中华茶文化丛书》和《茶文化博览丛书》等都对茶文化进行了比较系统的专题研究。此外，还出版了许多茶文化研究著作，发表了大量的茶文化研究论文，取得了新时期茶文化研究方面的一批新成果。2003 年，安徽农业大学中华茶文化研究所批准为学校人文社会科学重点研究基地，基地以茶史、茶道、茶经济为主要研究方向，以王镇恒、詹罗九、夏涛、丁以寿等为研究骨干，先后出版了多部专著。2004 年，江西省社会科学院把茶文化学作为重点学科，以陈文华为学科带头人，余悦、王河、施由明等为骨干，先后出版了茶文化著作10多部。

2004年12月，中国国际茶文化研究会成立以程启坤为主任，姚国坤、刘勤晋、沈冬梅为副主任的直属机构——学术委员会，有组织、有计划地加强茶文化学术研究，对茶文化研究进行全面规划，建立茶文化研究文库，组织全国茶文化专家学者进行课题攻关，取得不少新成果。2005年8月，江西社会科学院在婺源主办"中国茶文化学术研究与学科建设研讨会"，标志着茶文化学科建设更加自觉。特别是进入21世纪以来，在中国十几所高校中还有茶学硕士和茶学博士研究生的培养，设有茶文化研究方向，这在事实上已将茶文化作为一门学科或子学科对待了。综上所述，表明21世纪初是茶文化学科的基本确立时期。

54　中国茶文化学科包括哪些内容？

中国茶文化内涵丰富，是茶的自然科学、人文科学和社会科学高度和谐统一的产物，属于中介文化之列。其表现形式，大致可以归纳为四个方面。

（1）茶的物态文化：泛指不依赖于人的意识，并能为人的意识所反映的客观存在。它主要表现为物质生产方式和经济生活的进步。如茶及茶制品、茶文物、茶遗迹、茶书、茶文学艺术作品、饮茶器具，以及茶的种植和加工器具等。

（2）茶的制度文化：包括可辨别的有明文的制度和难以辨识的隐性非正式制度，主要有历代茶政、茶法、茶税、贡茶、榷茶、诏典、礼规以及茶马互市等。

（3）茶的心态文化：通常是指人的意识、思维活动、心理素质等，其实质是事物的核心价值所在。如茶事中的茶人精神、茶禅一味、茶道、茶德、茶礼、茶俗、茶旅，以及以茶养性、以茶养廉、以茶修性等。

（4）茶的行为文化：主要是指茶事活动过程中，受人的思想支

配而表现出来的外在举止和行动。包括客来敬茶、婚嫁茶礼、丧葬茶事、以茶祭祀、岁时茶祭，以及饮茶过程中形成的约定与成规等。

第五篇　茶的哲理

　　饮茶不仅能修身养性，而且能增进人的情操和品行，从而使人以高尚的道德修养展开真实的生命旅程。所以，长期以来，茶被看作是高洁廉俭的道德风尚的标志，同时也是建设精神文明的征程。

55. 茶道的出典何在？　含义是什么？

　　在两晋之前，文献中提到茶时多是强调茶的药理和营养功能，并未涉及精神领域的内容。西晋时，张载《登成都楼》诗中有"芳茶冠六清，溢味播九区"之说，把饮茶境界上升到"人生苟安乐，兹土聊可娱"的曼妙境界。入唐后，茶已远远超越一般感官上的享受，提升到了精神世界的高度，于是便产生了饮茶之道。

　　最早提出"茶道"概念的是唐代诗僧皎然，他在《饮茶歌诮崔石使君》诗中说"三饮便得道"时，对这个"道"，作了进一步解释："孰知茶道全尔真，唯有丹丘得如此。"其意是茶道高深莫测，只有仙人丹丘知道。这里说的茶道之"道"是集儒家的"正气"，道家的"清气"，释家的"和气"，再融入茶家的"雅气"，使饮茶从物质上升到精神，进而进入到心灵。另外，在唐代封演《封氏闻见记》中也有"因鸿渐（陆羽）之论广润色之，于是茶道大行，王公朝士无不饮者"之说。如此，释家通过种茶、制茶、饮茶而精于茶术；道家力主天人合一，饮茶养生，延年益寿；儒家则创造性的发挥，把茶技加以艺术化、理论化，终使茶道思想集儒、道、释诸家精神，主张以茶修德，推行"精行俭德"，贯穿了和谐、中庸、淡泊的思想内容，强调饮茶自修内省，这便是唐代茶道初始时的本意。之后茶道在传承的同时，还传播到国外，特别是东渡日本后，与日本文化结合后形成了日本茶道。传播到朝鲜半岛后，逐渐演化和形成茶礼。而发展到今天，国人更多地喜欢说它是茶艺。虽然提法不一，但万变不离其宗，它们都是从茶道演变而来的。

56. 何为茶艺？ 它的出处在哪里？

人们对饮茶技艺，自陆羽《茶经》开篇以来，每每有所提及，但终不见有"茶艺"一词的明确提法。直到进入 20 世纪 80 年代，随着茶文化在全国范围内的复兴，人们对"茶艺"之说才成为最普遍、频率最多的一种述说。追踪它的源头，与唐代时出现的茶道一词有着密不可分的关系。但"茶艺"一词的提出和确认，究竟出自何时？来自何地？说是何人？众说纷纭。现有资料显示，"茶艺"一说首见晚清杞庐主人的《时务通考》，主要指采茶、制茶技艺。接着是现代胡浩川先生在民国二十九年（1940），为傅宏镇所辑的《中外茶业艺文志》一书所作的前序中提到，文曰："幼文先生即其所见，并其所知，辑成此书。津梁茶艺，其大裨助乎吾人者，约有三端：……"还说："今之有志茶艺者，每苦阅读凭藉之太少。昧然求之，又复漫无着落。"其实，胡先生这里所说的茶艺，指的是诸多"物艺"中的一种，当为茶的各种"艺事"。不过需要说明的是，当今人们所指的茶艺，大多是指择茶、沏茶、奉茶、品茶技艺而言的。

至于古代是否有"茶艺"之说，至今尚未查实。

57. 茶艺的内涵是什么？ 如何解读？

当今的茶艺，通常指的是饮茶实施过程中所产生的技艺，它是一门追求和探索生活品质的学问，内容大致包括选好茶、沏好茶、奉好茶、品好茶、藏好茶。对如何理解茶艺内涵，本人认为不外乎包括三个层面。

一是技术层面。就是如何根据茶类的品性，结合饮茶者的需求，泡出一杯色香味形俱佳的茶。因此，如何选好茶、择好水、控好火、配好器；沏茶时，又如何掌控好茶水比例、沏茶水温、泡茶时间、续茶次数等。总之，一切以如何沏好一杯茶为前提，最大限度地施展出沏茶技能来，这是茶艺的根本所在，是茶艺的基础层。

二是艺术层面。在掌握茶艺基本技术的基础上，就得在艺术层面上下功夫了，不但要求主泡者有动人、可亲的形象和优美、娴熟的技艺，而且还要根据不同茶类的品性特征，做好茶席空间配置、服饰配搭、茶点配备、主宾配位、音乐烘托等，给人以一种美的空间艺术，也是茶的艺术给人的一种精神享受，这是茶艺的提升层。

三是美学层面。茶艺的职责是开启人的智慧，揭示生活的真谛，其结果必然会有不见于形、不闻其声，且能感悟心灵的东西隐藏其间，这就是茶艺的结果，它告诉了你什么？你感受到了什么？这是茶艺的终极层，也是茶艺追求的最高境界。有关例证，都可在古今史实中找到答案。

如今，有些茶艺不求技术，单就艺术，只求好看，不讲饮用，这种形式重于内容的做法，值得商议。因为茶艺毕竟是一门带有实用性的生活技艺，不同于戏曲表现，不同于舞台表现。如果是作为一次助兴活动，权作舞台表演艺术作专场演出，那就另当别论了。

58. 茶德是谁提出来的？ 内涵是什么？

茶德是茶文化核心价值和内核的集中体现，是茶在社会生活中的一种意识形态的反映。对茶德的理解，在唐时已有所闻，最早提出茶德含义的是茶圣陆羽的"精行俭德"，但最早从理性的角度对茶德含义进行概括和总述的是晚唐的刘贞亮。据说，他将茶赐予人们的功德概括成"十德"，用明确的理性语言将饮茶的功德提升到最高层次，可视为唐代对茶德内涵的最高概括。

如果说唐人之说表述的仅仅是对茶德含义的教化阐述，那么北宋的强至就是明确首提茶德的开创者。他在《公立煎茶之绝品以待诸友退皆作诗因附众篇之末》长诗中，明确提出："一饮睡魔窜，空肠作雷吼。茶品众所知，茶德予能剖。烹须清泠泉，性若不容垢。味回始有甘，苦言验终久。"第一次把"茶德"一词明白无疑地确立于世，为后人传颂不已。

之后，历元明清、经现当代，茶文化界对茶德的内涵有过深入的探究和高度的概括，表明世间对茶德的孜孜追求和崇尚。但由于不同社会层面的人所站的角度不一，以致对茶德功能的认识有别，最终的认知当然也就不甚一致，这就有待后人进一步探究了。

59. 茶修是什么意思？ 其意何在？

什么是茶修？简言之，就是用茶修性、怡情、悟道。茶何以有这种功能，其实在唐代诗人韦应物《喜园中茶生》已说得明白："洁性不可污，为饮涤尘烦。"而卢仝的《七碗茶歌》中进一步表白说："一碗喉吻润，二碗破孤闷。三碗搜枯肠，惟有文字五千卷。四碗发轻汗，平生不平事，尽向毛孔散。五碗肌骨清，六碗通仙灵。七碗吃不得也，唯觉两腋习习清风生。蓬莱山，在何处？玉川子乘此清风欲归去。"

可见就品茶而论，品的虽然是茶，但沉静的是心，感悟的是人生，洗涤的是灵魂。当年，时任中国佛教协会会长赵朴初先生为《茶经新篇》出版题写了一首诗，曰："七碗受至味，一壶得真趣。空持千百偈，不如吃茶去。"其意是说，纵然豪饮七大碗琼浆玉液，固然滋味无穷，但依然比不上品一小壶香茗的真情实意。进而，叹息在这人世间，即便拥有千百条高僧的偈语又能怎样呢？还不如放下一切，静下心来喝碗茶去，修身养性，从中获得乐趣。

茶修在现实生活中，对更多的人而言，在于心态的平和和安静，从困扰、痛苦，直至恐慌中解脱出来，使自我变得更加旷达、更加快乐，胸襟变得更加广阔、更加自在，给人的生活还以清新的面目。

60. 茶人称呼是怎么来的？ 通常是指哪些人？

茶人称呼，古已有之，而且指向广泛。唐代白居易《谢李六郎中寄新蜀茶》诗曰："不寄他人先寄我，应缘我是别茶人。"这里的别茶人是指对茶道有深究的人。陆羽《茶经·二之具》中说："茶人负以采茶也。"明末清初的屈大均在《广东新语》中写道："其采摘亦多妇女，予诗，'春山三二月，红粉半茶人。'茶人甚守礼法，有问路者，茶人往往不答。"这里的茶人指的是采茶之人。清代周亮工作《闽小记》说："延、邵呼制茶人为碧竖，富沙陷后，碧竖尽在绿林中矣。"这里的茶人指的是制茶之人。可见，茶人是指与茶有关联的人，指向比较广泛。

进入现当代后，茶人称谓使用更为广泛，已成为学界事茶人和社会爱茶人的雅称。所以，在茶文化界只要是事茶、爱茶、惜茶的人，即使不精于茶道，也都往往乐于称自己为茶人。当今茶人大致可分为三个层次：一是指事茶的人，二是指与茶相关的人，三是指爱茶的人。

61. 何为茶人精神？ 基本内容是什么？

茶人精神是指一个茶人应具备的精神与胸怀，指的就是茶人的形象或者说茶人应具有的道德情操、风范、精神面貌等，这在古代就有阐述。但浓缩为"茶人精神"一说，却是20世纪80年代初由已故上海市茶叶学会理事长钱樑提出的。他认为茶人精神就是"默默地无私奉献，为人类造福"的人。这是从茶树风格、茶叶品性引申过来的朴素表述。对此，宋代文学家苏东坡作有《叶嘉传》，他将茶誉为"叶嘉"，称颂它是"吾植功种德，不为时采，然遗香后世，吾子孙必盛于中土，当饮其惠矣"。进而称赞它是"风味恬淡，清白可爱，颇负其名，有济世之才"，还说它是"容貌如铁，资质刚劲"。1992年2月，中国科学院资深院士谈家桢挥毫题写了"发扬茶人精神，献身茶叶事业"12 个大字赠送给上海市茶叶学会，进一步肯定了"茶人精神"。1997 年 4 月，在纪念当代茶圣吴觉农诞辰 100 周年座谈会上，上海茶人进一步把"爱国、奉献、团结、创新"8 个字作为茶人精神基本内容，号召广大茶人认真学习，为献身茶叶事业，默默地无私奉献，为人类造福。

进入当代社会，茶界对茶人精神的理解，虽然表述不甚一致，有的以茶喻人，表述的是造福人类；有的以茶言志，表述的是淡泊名利；有的以茶喻理，表述的是人生之道，但有一点却是共有的，那就是要有一颗诚信仁爱之心。

62. 文人是怎样看待诗酒茶的？

文人，通常是指读书能文的人。"琴棋书画诗酒茶"，当属文人的至爱，美其为精神"食粮"。具体到诗酒茶，三者之间虽有区别，但又紧密相连。如酒喝多了，会给人以兴奋和激动，使人吐所欲吐，怒所欲怒，文人喝酒的结果，表达的往往是美丽的诗句。而饮茶能醒脑益思，给人以清心安静之感，与酒不同，更多的是乐而不乱，嗜而敬之，还能益思。所以，茶和酒往往出现在同一诗人的诗词手迹中。唐代大诗人白居易在《萧员外寄新蜀茶》诗称："蜀茶寄到但惊新，渭水煎来始觉珍。满瓯似乳堪持玩，况是春深酒渴人。"宋代许多文人还提倡以茶解酒渴、醒宿醒，还以汉代辞赋家司马相如因饮酒过度，患消渴病，恹恹而死的典故，写出了不少茶疗酒疾的诗句。如宋代王令的"与疗文园消渴病，还招楚客独醒魂"。惠洪的"道人要我煮温山，似识相如病里颜"。苏轼的"列仙之儒瘠不腴，只有病渴同相如"。特别是北宋的黄庭坚在《品令·咏茶》词中，先写他自己在醉眼蒙眬之中，碾小龙团茶煎茶时，虽未入口，但已"早减二分酒病"；接着写到品茶的感触时，说茶"恰如灯下故人，万里归来对影""口不能言，心下快活自省"。南宋陆游一生好酒，在他的诗中提到，如果要在茶与酒之中选择，他宁可要茶而不要酒。当然，酒有酒的文化，茶有茶的文化，诗有诗的文化，它们在文人生活中都占有重要地位，只要掌控有度，三者是可以共享、共用的。正如唐代王敷《茶酒论》所述一样，茶与酒的功能，仁者见仁，智者见智，不可一概而论。不过，由于品茶与喝酒的结果往往是不一样的，于是才有"多饮茶，少喝酒"之说。

63. 历代文人是怎样以茶入名的？

由于茶的品德与文人的品行是相融的，因此在历史上文人往往以茶入名，乐在其中。唐代陆羽一生事茶，晚年寓居江西上饶茶山时，亲自开山种茶，挖井煮茶，自号"茶山御史"。诗人白居易酷爱饮茶，自称是"别茶人"。宋代文人曾几，因遭奸相秦桧排斥，隐居在陆羽居住过的上饶茶山寺，为追慕陆羽品行，自号"茶山居士"。理学家朱熹，好茶尚茶，在武夷山紫阳书院讲学时，为避"庆元学案"，在书信往来中别号"茶山"。明代戏曲家汤显祖，在浙江遂昌做县令时，以茶洁身自好，将自己的书斋命名为《玉茗堂》，自号为"玉茗堂主人"，将所著文集题名为《玉茗堂集》。文学家沈贞，茶不离口，笔不离手，饮茶和写作是生活两大爱好，为此他的别号是"老茶人"，文集题名为《茶山集》。清代常州词派创始人张惠言，平日与茶结缘，洁身自重，自号"茗柯"，将书斋定名为"茗柯堂"，将文集题名为《茗柯集》，自此"茗柯"就成了这位经学大家的别号、书斋和文集之名。"茶癖"杜濬寓居江宁（今南京）鸡鸣山时，深居山乡，以茶相伴，自号"茶星"，还嫌不足，又号"茶村"，又说他与茶的关系是："吾之于茶也，性命之交也。"平日连剩茶也不忍舍去，集于净处，用土封存，名曰"茶丘"，并作《茶丘铭》。学者俞樾，学问渊博，是一位大学问家，但他禁不住茶香的诱惑，其妻姚氏也以品茗自好。为此，他将自己的住处定名为"茶香室"，将所著的文集冠以《茶香室丛钞》《茶香室经说》。凡此记述，不胜枚举。

这种以茶入名之举，古人有之，今人更甚。近代文化名人周作人，他的书斋命名为"苦茶庵"，自号"苦茶庵主"，之后，又有人称其为"苦茶上人"。现代著名茶学家庄晚芳，毕生事茶，终身与茶为伴，生前签名题词，常以"中华茶人"作闲章，以"茗叟"落款，足见茶在文人心目中的地位。

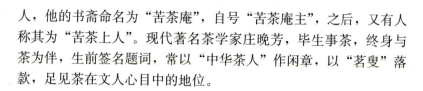

64 古今文人为何喜爱用茶癖、茶颠自诩？

茶可清心，能益思，这是常识。但有时朋友相聚，喝茶喝到兴致上，或者品茶尽兴时，表现出来的往往是超脱，"茶不醉人人自醉"，似有"飘飘欲仙"之感。于是乎，称茶仙的有之，诩茶神的有之，但与此相反也不乏其人，竟然口出狂言，将自己比作茶颠，誉作茶癖。五代的贯休在《和毛学士舍人早春》中称："茶癖金铛快，松香玉露含。"诗中称毛学士为茶癖，而这个毛学士就是五代文人毛文锡，他爱茶成癖，著有《茶谱》一书，留传至今。宋代苏轼在《次韵江晦叔兼呈器之》诗中，有"归来又见颠茶陆"之句。明代的程用宾《茶录》称："陆羽嗜茶，人曰茶颠。"他们都赞誉陆羽对茶孜孜不倦，追求事业的精神。宋代陶毂《清异录》中称："杨粹仲曰，茶至珍，盖未离乎草也。草中之甘，无出茶上者。宜追目陆氏（陆羽）为甘草癖。"其甘草癖亦为茶癖之意。

此外，还有自嘲为茶癖的，如在明代顾大典的《茶录·引》说："洞庭张樵海山人（张源）……所著《茶录》，得茶中三昧。余乞归十载，夙有茶癖。"将文人张源和作者自己爱茶成癖写得入木三分。明代的许次纾在《茶疏》中说："余斋居无事，颇有鸿渐之癖。"这个茶癖，既指鸿渐陆羽，也是许次纾的自称。更有甚者，清代经学家阮元用茶屏障尘世，以保身心自洁，在他的《正月二十日学海堂茶隐》诗中言道："又向山堂自煮茶，木棉花下见桃花。地偏心远聊为隐，海阔天空不受遮。"阮元还绘《竹林茶隐图》，图中的人物就是他自己，并以"茶隐"自诩。

这种痴情于茶之举，至今亦有所闻。难怪有人感叹：情愿"诗人不做做茶农"，这不就是文人痴情于茶的表现。

65. 古代文人为什么喜欢品茗及竹？

在文人心目中，茶者质朴淡泊，竹者清傲高洁，茶竹都是高尚纯净之物。北宋诗人晁冲之诗曰："我昔不知风雅颂，草木独遗茶比凤。陋哉徐铉说茶苦，欲与淇园竹同种。"理学家朱熹诗曰："客来莫嫌茶当酒，山居偏与竹为邻。"明代史学家张岱在《斗茶檄》一文中明白指出："七家常事，不管柴米油盐酱醋，一日何可少此，子猷竹庶可齐名。"文人认为竹里品茗，能"双美"同占，以致历史上许多文人既是茶隐，又是竹隐。清代怪才郑板桥，既擅长诗书画印，又精通茶事艺道，更是个颂竹大师，自称："四十年来画竹枝，日间挥写夜间思。"但他又同时爱茶、颂茶，留下了许多竹里品茶的佳篇，如"几枝新叶萧萧竹，数笔横皴淡淡山。正好清明连谷雨，一杯香茗坐其间""不风不雨正清和，翠竹亭亭好节柯。最爱晚凉佳客至，一壶新茗泡松萝""一半青山一半竹，一半绿荫一半玉。请君茶熟睡醒时，对此浑如在岩谷"。在历代文人中，同郑板桥一样的人，大有人在。唐代姚合的"竹里延清友（茶的别称）"，宋代王令的"果肯同尝（茶）竹林下"，元代长宪的"茶烟隔竹消"，明代陆容的"石上清香竹里茶"等就是例证。明代的汤显祖作《竹屿烹茶》诗："君子山前放午衙，湿烟青竹弄云霞。烧将玉井峰前水，来试桃溪雨后茶。"将爱茶及竹之言，祖露人间。清代大学者阮元在任两广提督任上过 60 岁生日时，为避客独处竹林深居，竟日煮茶自娱，后来还自画"竹林茶隐图"，并题诗为证。

66. 古人为何崇尚竹炉煎茶？

古代文人崇尚用竹煎茶，唐代茶圣陆羽选用小青竹做的"夹"，煮茶时用夹烘烤饼茶，认为可以"假其香洁以益茶味"；宋代文学家苏辙"遣儿折取枯竹女煎汤（茶）"；文学家王禹偁索性在竹林旁用竹子建起茶楼，配上竹子制的桌和椅，品茗操琴，清谈会友。特别是明代开始，由于饮茶已从"唐煮宋点"改为直接用沸水冲泡，从而使饮茶变得更有情趣。因此，文人便在追求竹间品茗的同时，又开创了竹炉煎茶。明代无锡惠山寺住持普真，请竹工编制了一个竹茶炉，又请画家王绂画图，文学家王达作文，名流题诗，装饰成《竹炉煮茶图》。该图后来被明代文人秦夔收藏，为此他特地作了《听松庵茶炉记》，刻石于惠山寺内。清代的乾隆皇帝巡幸惠山寺时，在领略"竹炉煎茶"后，专门写了一首《汲惠泉烹竹炉歌》，其前还加写了一段序文："辛未二月二十日，登惠山听松庵。汲惠泉，烹竹炉，因成长歌，书竹炉第三卷，援笔洒然，有风生两腋之致。"后来，乾隆对在惠山听松庵煎茶之事，终生难以忘怀，又先后写过多首追忆惠山竹炉煎茶的诗歌。清代画家郑燮写过一副茶联"扫来竹叶烹茶叶，劈碎松根煮菜根"就是例证。

古代文人崇尚竹炉煎茶，爱茶及竹，实是用茶与竹寄托情思，也是对文人德行的一种追求。

67. 紫砂名家为何热衷制作竹形茶壶？

文人不但推崇用竹炉煎茶，而且还钟情塑造竹形茶壶品茗。这种情况，在紫砂茶壶中表现尤为突出，并成为文人至爱。明代万历时人陈仲美原是景德镇的制壶高手，后到宜兴从事紫砂陶艺。他把瓷器工艺与紫砂工艺有机地结合起来，创造了"重镂透雕"的紫砂技术，进而用紫砂创制了一把束竹壶：以一捆竹子为型，壶盖、壶身、壶嘴、壶把，均为竹形，如此文心雅气，崇尚自然，用来沏茶，好生幸运。清代的陈荫千制有一把紫砂提梁竹节壶，壶身珠圆玉润，壶把、壶钮以两杆细竹绞结为形，造型十分精妙，是文人高风亮节的一种表现。曼生壶，是清代"西泠八家"之一的陈曼生和制壶名匠杨彭年的珠联璧合之作。他俩一个设计，一个制壶，制作了一大一小两把竹段壶：壶身用竹段造型，在大的一把壶身上还塑以竹叶数片，清新自然，可谓文人的代表作。1994 年，邮电部发行《宜兴紫砂陶》特种邮票一套四枚，其中有一枚是"束竹八卦壶"，这是清代制壶大师邵大亨的代表作，该壶取意为"太极生两仪，两仪生四象，四象生八卦，八卦推衍而为六十四卦"。他推崇的是中华传统的阴阳学说：盖钮为太极，太极分阴阳两仪，一仪中有小孔，寓意阳中有阴；另一仪中刻圆珠形，乃阴中有阳。钮和盖之间有四纹，代表"四象"，盖上塑有八卦图。壶身由六十四根竹组成，代表六十四卦。此壶巧夺天工，匠心独具，把文人的爱竹之情，突显在品茗之中。这是因为紫砂壶的造型讲究十分注重文化性，而选用竹子造型正符合文人的书卷雅气和道德品行，以致紫砂壶中竹型多。

68. 竹符提水是怎么回事？

在我国饮茶史上，特别是文人饮茶，既喜爱品茶及竹，又热衷择水煎茶，当为双重高雅之举。唐代陆龟蒙身居湖、苏二州刺史幕僚，他识茶知水，对茶情有独钟，作有《奉和袭美茶具十咏》。当他的朋友用"石坛封"寄山泉水送给他试水品茗时，他喜出望外，特地写了一首《谢山泉》诗："决决春泉出洞霞，石坛封寄野人家。草堂尽日留僧坐，自向前溪摘茗芽。"感激之情溢于言表。北宋苏轼（东坡）是著名文学家、书法家、美食家、画家，可谓是全才式的艺术巨匠。同样，他也深通茶性，特别是对煎茶用水十分挑剔。他在扬州任知州期间，总爱用惠山泉水煎茶，但惠山泉有两井，一圆一方，因方（井）动圆（井）静，苏轼弃圆井水而取方井水。相传，苏轼还爱用玉女河水煎茶，但远程汲水，费工费时，还怕侍者偷梁换柱，以假充真。于是，他设计了两种不同颜色的竹符，分别提交给侍者和寺僧，并叮嘱当地寺院僧人，凡他的侍者去提水时，以发竹符（水牌）为记，相互交换，证明确系所取之水是真水。这种竹符提水的方法，在宋及宋以后一直为文人学士仿效采用，传为美举。

与竹符提水相关的还有古人常用的竹桶提水，直至在水桶里放上一个竹圈：既可养水，又可防止水被晃出盛器，实是一举两全之美。

69. 如何体现客来敬茶？

史料记载，早在东晋时，就有以茶待客之举。唐代颜真卿的"泛花邀坐客，代饮引情言"，宋代杜耒的"寒夜客来茶当酒，竹炉汤沸火初红"，清代高鹗的"晴窗分乳后，寒夜客来时"等诗句，表明我国历来有客来敬茶和重情好客的美举。其实，客来敬茶是中国人的一种礼俗，客人饮与不饮无关紧要，主要表示的是一种待客之礼，待人之道，以致有客进门，无须问话，总会奉上一杯热气腾腾的香茗。

客来敬茶时，还需有针对性，如根据客人爱好，结合来的是什么客？生在何地？如何敬茶？怎样选茶？这些都是需要考虑的。倘若家中藏有几种名茶，还得一一向客人介绍这些名茶的由来和故事，让客人自选。当然，也有的会同时拿出几种名茶冲泡，让客人品尝比较，以增添主客间的亲近感。

泡茶用的茶具，即使不是珍贵之作，也一定会洗得干干净净。如果用的是珍贵的茶具，那么主人也会一边陪同客人饮茶，一边介绍茶具的历史和特点、制作和技艺，通过对壶艺的鉴赏，共同增进对茶具文化的认识，使敬茶之礼得到升华。

敬茶时，最好在饮茶杯下配一个茶托。奉茶时，用双手捧住茶托，举至胸前奉上，再轻轻道一声："请用茶！"倘若用茶壶泡茶，而又得同时奉给几位客人时，那么与茶壶匹配的茶杯，其用茶量宜小不宜大，否则无法一次完成，无形中造成对客人有亲疏之分，这是要尽量避免的。壶与杯中的茶水搭配得当，这叫"恰到好处"，说明主人茶艺不凡，还能引起客人的情兴与共鸣。

客来敬茶，在做到技熟艺美的同时，对奉茶者来说还要有良好的气质和风姿，一个人的长相是天生的，但可以通过努力，不断加强自我修养，即使容貌平平，客人也可从言行举止、衣着打扮中发现自然纯朴之美，甚至更有个性和魅力，使主宾变得更有情趣，很快进入饮茶最佳境界。

70. 何为赐茶？其意何在？

据南宋胡仔《苕溪渔隐丛话》载：顾渚紫笋"每岁以清明日贡到，先荐宗庙，然后分赐近臣"。唐代以茶分赐近臣，表达皇上对臣子的一种激励、器重与关爱。其实，这种风尚表现在社会上，凡亲朋好友之间相馈赠茶的做法，为时更早。这可从唐代诗人李白的《答族侄僧中孚赠玉泉仙人掌茶（并序）》诗中，看得明白。

此外，唐代诗人白居易的"蜀茶寄到但惊新，渭水煎来始觉珍"，齐己的"灉湖唯上贡，何以惠寻常"，薛能的"粗官乞与真抛却，赖有诗情合得尝"；宋代王禹偁的"样标龙凤（团饼茶）号题新，赐得还因作近臣"，梅尧臣的"啜之始觉君恩重，休作寻常一等夸"，黄庭坚的"因甘野夫食，聊寄法王家"，陆游的"玉食何由到草莱，重奁初喜坼封开"；明代谢应芳的"谁能遗我小团月？烟火肺肝令一洗"，徐渭的"小筐来石埭，太守赏池州"；清代郑燮的"此中蔡（襄）丁（渭）天上贡，何期分赐野人家"等诗句，都充分表现了亲友间千里赐新茶的喜悦之情。这种寄茶送亲人的风俗，直至今日依然如故。通过惠茶这种方式，使远方的亲朋好友能体察到朋友的情谊，进一步增进亲近感，最终达到敬客之意。而皇上向臣子赐茶，更多的是笼络和宠爱，还有激励的意思埋在其中。

第六篇　茶与儒释道

　　历史上，儒家、释家、道家精神影响了我国主流文化数千年。儒家的正气、释家的和气、道家的清气，以及茶文化的雅气，四者相融的结果，使得茶文化的内容变得更加宽广，哲理变得更为深邃，生活变得更加精彩。

71. 孔子是否知道茶？ 有否尝过茶？

　　众所周知，孔子（前551—前479）是鲁国人，有弟子三千，贤人七十二位，是我国古代知识分子中最杰出的代表人物，是个大儒。屈指算来，孔子生活的年代距今已有2 500年以上了。由于时间久远，保存下来的史料不多，因此对孔子是否知道茶？有否尝过茶？至今还没有历史资料可以查证。尽管如此，人们还是找到一些相关资料加以推测。如按孔子所言，他最推崇周公。而唐代陆羽《茶经·六之饮》言道："茶之为饮，发乎神农氏，闻于鲁周公。齐有晏婴，汉有扬雄……"据查，周公是西周初的一位政治家，他的不少言论，辑录在孔子的《尚书》中，说明当时茶已在北方的鲁国逐渐为人所用。相传，《尔雅》为周公所著，而在茶的发展史上，史学界和茶学界都认为，在茶字未确立前，真正确切表明是茶的史籍为《尔雅》说的"槚，苦茶"。还有晏婴（？—前500），他是齐国大夫，也是北方人，著有《晏子春秋》，其中写道："婴相齐景公时，食脱粟之饭，炙三弋五卵，茗菜而已。"有人认为，这里说的是身为齐国宰相的晏子，吃得十分简单，把茶当菜吃。从周公和晏子的记述中，孔子、晏子他们虽生在北方，但其时在北方已经知道茶，是有茶的。

另外，还有一些可供参考的证据，如孔子删定的《诗经》，其内多次写到"荼"。虽然，其时有一物多名，一名多称之嫌，但也有一些人认为在《诗经》中的"谁谓荼苦，其甘如荠"之句中的"荼"，有可能指的是茶。所以，孔子是否知道茶？尝过茶？可供稽查的资料很少，更没有直接的证言，不可误断。但根据相关资料推测，孔子知道茶、尝过茶的可能性还是存在的。但不可否认的是孔子创立的儒学，对后来茶文化的影响和渗透是很深的。

72. 儒家茶礼的秉性是什么？

饮茶能"精行俭德"，语出陆羽《茶经》，最为儒家推崇。其实，早在两晋南北朝时，一些有识政治家便开始提倡"以茶养廉"。东晋（317—420）时，一些贵族阶层以显赫奢侈为荣，而当时的儒家学说践行者们秉承晏子身为国相，吃的除了糙米饭和几样荤食外，只有"茗菜而已"的俭朴精神，倡导以茶养廉对抗当时的侈靡之风，其中典型的当推《晋中兴书》中的吴兴太守陆纳以茶、果待客；《晋书》中的扬州牧（相当于后来一个省的长官）桓温以茶、果宴客。茶在这里不但是内容，也是形式，是传递俭廉精神的重要载体。清茶一杯，后来便成为古代清官的廉政之举，也是现代人倡廉的高尚品格。"座上清茶依旧，国家景象常新"，表达的就是这个意思。

儒家文化对茶俗的影响还体现在三纲五常思想影响下产生的茶礼之中。如君主在重大场合赏赐臣子茶叶，体现了君为臣纲；茶作为聘礼定亲，"茶，喜木也。一植不再移，故婚礼用茶，从一之义也"（《茶谱小序》），体现了夫为妻纲等。

此外，儒家中庸思想也对饮茶习俗有相当大的影响。中庸思想讲究持身正，并持之以恒；不偏不倚，中正平和。如饮茶，要用

"隽永"之水，适当的水温，适当的出汤时间，造就一杯好茶，并持之以恒地饮好茶，才是正确的养生之道。又如奉茶，茶满七分，在主客之间，既留下三分情意，又在不言中保持适当自由的空间。

总之，儒家认为饮茶体现的是一种生活礼仪，实践的是一种修身养性的方式，它通过沏茶、奉茶、赏茶、品茶，增进友谊、美心修德、学习礼法，能呈现清雅洁净的和美仪式，树立君子之风。

73. 茶是如何成为和尚家风的？

据《庐山志》载：早在汉时，就有庐山僧人采茶、制茶之事。东晋怀信《释门自镜录》曰："跣定清谈，袒胸谐谑，居不愁寒暑，食不择甘旨，使唤童仆，要水要茶。"陆羽《茶经》引《艺术传》中的晋代佛家"单道开饮茶苏"；《释道该说续名僧传》中的晋代佛家"法瑶饮茶"等，都说明至迟在魏晋南北朝时，佛家饮茶已渐成风尚，佛门已盛行饮茶。

至唐代中期，佛门更加重视茶事，在僧侣们的推动下民间百姓也饮茶成风。据唐代封演《封氏闻见记》载："开元中，泰山灵岩寺有降魔师，大兴禅教。学禅务于不寐，又不夕食，皆许其饮茶，人自怀挟，到处煮饮。从此转相仿效，遂成风俗。"中国佛教协会会长赵朴初有诗云："七碗爱至味，一壶得真趣。空持百千偈，不如吃茶去。"这是因为僧侣坐禅修行既要长久保持坐姿，又有"过午不食"之习，还要守住佛家秉性，而茶的丰富营养物质、保健养心和安神功能为僧侣提供了正能量。佛家认为茶有"三德"：坐禅时通夜不眠，满腹时帮助消化，还能清心寡欲而"不发"。这些特性使茶在僧侣中受到欢迎。唐宋时，僧侣饮茶已成为佛门家风。据宋代普济《五灯会元》载："问如何是和尚家风？师曰：饭后三碗茶。"其实，在僧侣生活中，何止三碗茶呢？总之，静心、净性，事事与茶相关，僧侣在生活中离不开茶。许多禅院设有专职茶僧，辟有茶堂，布有茶鼓，专门用来供僧侣饮茶和对香客施茶之用。

74 "茶禅一味"是怎么回事？

说到"茶禅一味"，有人总会说到宋代高僧圆悟克勤，说他以禅宗的观念和思辨，品味出茶的无穷奥妙和真谛，最后挥毫泼墨，写下了"茶禅一味"四个大字。又说，其真迹被弟子带到日本，现珍藏在日本的奈良大德寺，作为镇寺之宝。对此，作者也给予了关注。但在翻阅有关资料中，并没有找到这句话的原始记录。接着，又去日本奈良大德寺以及相关寺院查询，也托日本茶界朋友去寻找过，但时至今日，仍未见到有这等真迹存在。于是，又回过头来在国内继续查找，发现"茶禅一味"之说，从 20 世纪 80 年代以来才逐渐见于世，但均未说出史料明确出处。后见峨眉山报国寺有"茶禅一味"匾、河北柏林禅寺有"禅茶一味"碑、湖南夹山寺前也有"茶禅一味"碑，但这些都是 20 世纪末以来的事。因此，吾等认为："茶禅一味"之说，有可能是当代人根据历史上众多有关茶与禅的述说记载，从中浓缩总结出来的一禅语。它正如唐代刘真亮的"茶有十德"一样，如今已成为一种通说，或者说是一种新说，它们虽在古代史料中暂时还找不到原句，但由于茶与禅的关系至深，这种提法已被大多数专家学者所接受和认可。

我的理解是：所谓"茶禅一味"，并非说茶等同于禅，或者说禅等同于茶，这是从哲理层面而言的，说的是茶的秉性与禅的修行是相通的。它指的不是"茶禅一统"，而是指"茶禅一味"，其意是说茶性与禅理是交织共生，可以相融相长的。品茶品味品人生，饮茶可以悟禅。正如"佛在何方？就在你的心中"一样，这是一种哲理，是关于人生问题的哲学构建，也是人生观的理论形式。其实，在唐代释皎然"三饮"诗中已经说得明白，饮茶可以通达世间，"三饮便得道"，这就是茶禅一味的意蕴所在。

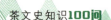

75. 怎样认识"茶有十德"？

最早提出茶德含义的是陆羽的"精行俭德"，但能从理性的角度对茶德含义进行概括的则是晚唐时的刘贞亮。据说他将茶赐予人们的功德概括成"十德"："以茶散闷气，以茶驱腥气，以茶养生气，以茶除病气，以茶利礼仁，以茶表敬意，以茶尝滋味，以茶养身体，以茶可雅心（志），以茶可行道。"其中所说的"散闷气""驱腥气""养生气""除病气""尝滋味""养身体"六个方面是属于茶对人们生理上的功德，而"利礼仁""表敬意""可雅心（志）""可行道"四个方面则是属于茶的道德精神范畴。这里所说的"可行道"，是认为饮茶的功德之一就是可以有助于社会道德风尚的培育。"可雅心（志）"是指饮茶可以修身养性，陶冶个人情操。"表敬意"是指以茶敬客，可以协调人际关系。"利礼仁"是指饮茶有利于道德教育，可以净化社会风气。这是以明确的理性语言将茶道的功德提升到最高境界，可视为唐代茶道精神的最高概括，也是茶文化的哲学所在。这里，刘贞亮是以明确的理性语言将茶道的功德提升到最高层次——人生哲学，可视为唐代茶德精神的最高概括。

不过值得说明的是作者刘贞亮，还未查到实处。至于饮茶"十德"出于何种史料，也未查到出处。但其说仍为茶界广泛引用，并已成通识。

76. 如何理解禅林法语"吃茶去"？

禅林法语"吃茶去"，仅从字面而言，是一句很简单的话语，就是与朋友一起喝茶去。但佛家认为茶性与佛理是相通的，饮茶可以沟通心灵，饮茶可以悟道，饮茶可以清神，无论是古代诗僧皎然的：饮茶能"涤昏寐""清我神""便得道"；还是当代赵朴初说的："空持百千偈，不如吃茶去。"他们都对"吃茶去"有着深层次的剖析和感悟。

翻阅历史，对禅林法语"吃茶去"的由来，影响较大的是唐代赵州观音寺高僧，人称"赵州古佛"的从谂禅师。他生性好茶，对茶如痴如醉，甚至到了"唯茶是求"的地步，喜欢用茶作机锋语。据《指月录》载：有僧到赵州，从谂禅师问"新近曾到此间么？"曰，"曾到"，师曰，"吃茶去"。又问僧，僧曰，"不曾到"，师曰，"吃茶去"。后院主问曰，"为甚么曾到也云吃茶去，不曾到也云吃茶去？"师召院主，主应喏，师曰，"吃茶去"。这段话的意思是说，有僧新到吃茶去，不曾到吃茶去，若问是何道理？还是吃茶去。由于禅林认为茶可去杂念，消妄想，能悟道，所以在古籍佛学中有关记载还是不少的。如清光绪《天童寺志》载，在赵州法语"吃茶去"之前，就有明州天童咸启禅师问伏龙："甚处来？"曰："伏龙来。"师曰："还伏得龙么？"曰："不曾伏这畜生。"师曰："且坐吃茶。"表明对吃茶悟性之道，在唐代时已流行于世。可见"吃茶去"三字有着深邃含义，是不可按字面简而言之的。

77. 佛家对茶文化发展做出了哪些贡献？

在茶文化发展史上，佛家做出了重大贡献，主要表现在以下五个方面。

（1）推动了饮茶的普及：唐代《封氏闻见记》载，南方人喜欢饮茶，北方人初不多饮，至唐代开元中期时，在泰山灵岩寺僧侣推动下，"从此转向仿效，遂成风俗"。使当时"初不多饮"的北方，也开始饮茶成风。

（2）创造了饮茶的意境：佛家不仅提倡饮茶，而且创造了饮茶意境。诗僧皎然的"三饮"，"一饮涤昏寐，再饮清我神，三饮便得道"，把饮茶过程中的"静心""自悟"融入禅宗思想中，在饮茶中求得美好的神韵和精神寄托，使饮茶过程从物质上升到心灵层面。

（3）提出了"茶道"的概念：据查，最早提出茶道这一概念的是唐代诗僧皎然，他在《饮茶歌诮崔石使君》诗中提出的"茶道"概念，要比日本茶道之说早600多年。

（4）发展了名优茶生产：史料显示，我国古代传统名优茶的创制，诸如西湖龙井、洞庭碧螺春、庐山云雾、黄山毛峰、老竹大方、武夷大红袍、九华毛峰、景宁惠民、余杭径山茶、桂平西山茶、大理感通茶等，都是由寺院僧侣栽种、采制创造出来的。

（5）传播了茶文化：佛家对推动种茶技术和饮茶风俗向外传播功不可没。如唐代，日本高僧最澄从浙江天台山国清寺学佛后将茶种带回日本，种于近江的台麓山，这是日本种茶之始。宋时，日本高僧荣西两度来华学习佛法，回国时带去了经卷、茶种等，并将中国饮茶之风结合日本民俗，写成日本第一部茶著作《吃茶养生记》，为推进日本茶产业发展奠定了基础。其实，有关通过佛家将茶文化传播到国外的记载是很多的。

78. 何为禅茶？ 它与普通茶有何区别？

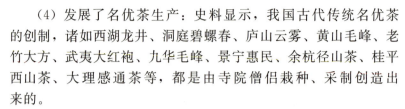

禅林，指佛家修行的寺院。在民间将禅林生产的茶冠以禅茶，这与"名寺产名茶"说法是一致的。凡称得上禅茶的，从禅修的理念而言，至少应该具备以下几个元素。

一是禅茶的生产基地（场所）归属寺院所有；二是由僧侣栽制生产；三是"不杀生"（不喷洒农药）、无污染的天然生态茶；四是须开过光，蕴含禅宗意境，将茶上升为大彻大悟之物。对僧家而言，禅茶是养生和悟性之物，除了生理需求之外，还应充分体现"和"的境界，保持一颗平常心。对民间而言，禅茶蕴藏着一种意念，相信佛在其中。所以，禅茶对众多善男信女而言，除了饮茶有利解渴，满足生理需求外，更多的是一种意念的升华和精神寄托，有希望于"保平安、求健康"的作用。

总之，禅茶应保持洁净（清洁化生产），能给人以一种无形的力量（能悟性、保平安）。这种"净"和"力"的境界，相信普通茶是无法达到的，在构建社会和谐的今天，深信禅茶的作用在有意或无意中显得更为可贵。

79. 道家为何把茶看作仙药？ 其理何在？

道家追求得道成仙，通过服食药饵来摄生养命，追求长生不老。他们将服食金石类的金丹称作大药，将服食草木类的草药称为小药，"服小药以延年命"。茶属小药，道徒们认为饮茶可以轻身换骨、羽化登仙。道家典籍壶居士《食忌》认为："苦荼，久食羽化。"道家陶弘景《杂录》也说："茗荼轻身换骨，昔丹丘子、黄君服之。"三国著名的道学家葛玄曾在浙江天台山等地种茶，如今"葛玄茗圃"遗存依在。又据道学家葛洪《抱朴子》载：盖竹山，有仙翁茶圃，旧传葛玄植茗于此。南朝齐、梁时道学家陶弘景是道教茅山派代表人物，也发出茗茶可以轻身换骨、羽化成仙的感慨。可见，他们对饮茶养生坚信不疑。在记述南朝宋史《宋录》中，还记有：当年新安王刘子鸾，与兄豫章王刘子尚拜访八公山县济道人设的茶茗，刘子尚品尝后感叹曰："此甘露也，何言茶茗？"应顺了"此茶只应天上有，人间难得几回醉"名言。总之，道家将茶视为仙药，说茶能轻身换骨、延年益寿，能"羽化登仙"，认定茶与道家追求的目标是一致的。

80. 茶与道家的"有生于无"有何关系？

道家学派创始人老子说："天下万物生于有，有生于无。"说天下万物，生下了可见之物；但具体事物的"有"，却有不见于形、不闻其声的"无"，这就是由"道"催生的"无"。茶原本是草木，由茶产生的"道"，虽看不见、摸不着，却有一股无形的力量存在于宇宙之中。

深受道教影响的宋代诗人苏轼云："何须魏帝一丸药，且尽卢仝七碗茶。"饮茶，有利于人体健康，这已被数千年来的生活实践和近代科学研究所证明。茶最初就是以一味良药而闻名于世的，有利于祛病养生。而道教，以生为乐，追求的是长生不老。道教创始人张道陵著《老子想尔注》，说："生，道之别也。"只要善于修道养生，就能让人长生不老。茶者，"草木之中人也"，将人融于大自然中。在道教未创立之前，茶已被用来作为祭天祀祖、祛病养生之物。在道教创立后，自然为道家所接受和利用，进而形成道教茶风。五代毛文锡认为服茶可成仙，在《茶谱》中写道：蜀之雅州蒙山上清峰，"若获一两，以本处水煎服，即能祛宿疾；二两，当眼前无疾；三两，固以换骨；四两，即为地仙矣"。服茶可以成为"地仙"，成为地上活着的仙人。

总之，茶的天然、营养，对人体的保健养生和延年益寿功能，使茶在众多的饮食中立于不败之林；而道家的养生祛病理论，又为茶的千古不衰起到了重要作用，从而使茶在人类文明史上长盛不衰，发扬光大。

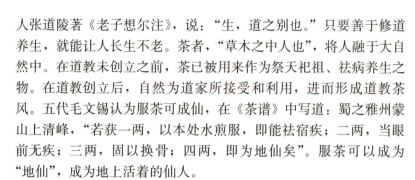 81. 为什么说茶与道家的"自然无为"是相符的？

道家的核心思想是"道"，而道的重要内容是"自然无为"。这里的"自然"，并非指自然界的自然，指的是顺乎自然的自然。这里说的"无为"，看似"不为"，实是"有为"。金代道教信徒马钰《长思仙·茶》词云："一枪茶，二旗茶，休献机心名利家，无眠为作差。无为茶，自然茶，天赐休心与道家，无眠功行加。"主张的是以茶淡泊人生，休心名利，于是称茶为"无为茶""自然茶"。唐代的张志和，自号烟波钓徒，长期徜徉于青山绿水之间。他生活中的最大乐事，便是饮茶。据《合璧事类》载："唐肃宗赐张志和奴、婢各一人，志和配为夫妇，号渔童、樵青。渔童捧钓收纶，芦中鼓枻；樵青苏兰薪桂，竹里煎茶。"这是因为张志和是烟波钓徒，所以将其中的一个称作"渔童"，"捧钓收纶"。但张志和又是一位道家茶人，所以又将另一个称作为"樵青"，用来"竹里煎茶"。在此，活脱活现地勾画出了张志和的一派"道士风光"。

唐代的施肩吾，有"仙风道骨"之气，入道后自号栖真子，他在《蜀茗词》言道"山僧问我将何比，欲道琼浆却畏嗔"，将茶比作"琼浆"。难怪唐代诗人卢仝在《七碗茶歌》中，接连饮了七碗茶后言道："蓬莱山，在何处？玉川子（即卢仝）乘此清风欲归去。山上群仙司下土，地位清高隔风雨。"蓬莱山，乃"仙山"也，是群仙居住之处，也是"玉川子乘此清风欲归去"的地方，这等深切感受，也是道家饮茶的最高生活境界所在。

82. 天主教对推动茶文化发展有哪些贡献？

天主教对茶文化的贡献，主要表现在对饮茶的传播和普及两个方面。早在16世纪初，天主教就先后派遣许多传教士来我国传教。据统计1581—1712年，作为天主教三大派别之一的耶稣会来华的传教士就达249人。他们了解中国的茶文化，并通过他们的讲述、著作将我国饮茶习俗传播到西方，从而引起西方社会对茶的兴趣。葡萄牙传教士加斯帕尔·达·克鲁兹回国后，于1569年出版了《广州记述》：说中国人凡有客进门时，总会递给客人"一个干净的盘子，上面端放着一只瓷器杯子……喝着他们称之为一种'Cha'（茶）的热水"，还说这种饮料"颇有医疗价值"。克鲁兹可能是将中国饮茶礼仪、茶具、疗效介绍给西方的第一人。1588年意大利传教士G.马菲在佛罗伦萨出版《印度史》一书，向西方介绍了中国茶叶、泡茶的方法以及茶的疗效等内容。1615年，比利时传教士金尼阁整理出版了《耶稣会士利玛窦神父的基督教远征中国史》，书中说道："他们在春天采集这种（茶树）叶子，放在阴凉处阴干，然后用干叶子调制饮料，供吃饭时饮用或朋友来访时待客。在这种场合，只要宾主在一起谈话，就不停地献茶。这种饮料……味道不是很好，略带苦涩，但即使经常饮用也被认为是有益健康的。"由于该书被译成多种文字出版，从而使更多的欧洲人了解到中国的饮茶风俗以及饮茶好处。17世纪中期以后，法国的一些传教士也来到中国，他们将我国茶树栽培和茶叶加工的图片及相关文字资料寄回法国，从而促进了法国饮茶之风的兴起。总之，天主教对中国茶文化向西方传播与普及起到了积极的推动作用。

第七篇　饮茶方法演变

　　史料记载，在秦汉以前，我国似乎只有巴蜀一带有饮茶之习。自秦汉开始，饮茶之风开始逐渐从巴蜀向长江中下游地区，以及大江南北传播开来，并随着茶叶加工技术的提升与改进，茶类品种的增多，饮茶方法也随之出现了相应的变化。

83. 茶是什么时候开始成为饮料的？

　　在远古时代，我们的祖先最早是把茶作为一种治病的药物或食物食用的，他们从野生茶树上采伐嫩枝，先是生嚼，接着便是加水煎煮成汤汁饮用。之后，通过不断实践，发现茶不仅是一种药物能防治疾病，而且还可以生津止渴，是一种很好的保健饮料。于是便开始种茶、制茶，逐渐养成了饮茶的习惯。那么，茶作为饮料是从什么时候开始的呢？

　　根据陆羽《茶经》记载：茶"发乎神农氏，闻于鲁周公"，到鲁周公时才逐渐为人所知。周公是封于鲁国的周武王之弟，但齐鲁大地都在我国的北方，而茶原本生长在南方，在北方的周公是如何知道茶的，茶又是作什么用的？这些都没有说清楚。因此只有向南方产茶地区寻找最早的饮茶记载。依据西汉王褒《僮约》中的"烹茶尽具""武阳买茶"之述，认为在距今两千多年前的西汉时，四川一带饮茶已经相当普遍，并有较大规模的茶叶市场了。清代学者顾炎武在《日知录》中主张："自秦人取蜀而后，始有茗饮之事。"也就是说，我国北方饮茶，始于"秦人取蜀"之后。那么，在南方，特别是作为茶树原产地之一的巴蜀一带，无疑始于"秦人取蜀"之前了。因此，人们有理由认为，茶作为饮料在茶树原产地之一的巴蜀地区（大致范围包括今四川、重庆及其附近地区），当在春秋至秦代之时；而在长江中下游一带，自秦至两汉时，饮茶风习已经逐渐传播开来了。

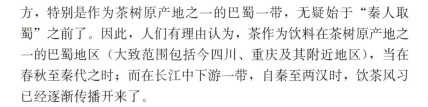

84　六朝时的羹茶法是怎么饮用的？

据陆羽《茶经》所述，春秋战国时，鲁国的周公、齐国宰相晏婴已经知道茶，并开始把茶作为饮料饮用了。

秦汉时，饮茶之风已从巴蜀地区逐渐传播开来。到三国时，不但上层权贵喜欢饮茶，而且文人以茶会友渐成风尚。当时的饮茶方法已经从原始粥茶法（茗粥）向半煮半饮转变，这可在三国魏张揖《广雅》的有关记述中得到证实："荆巴间采茶作饼，成以米膏出之。若饮，先炙令色赤，捣末置瓷器中，以汤浇覆之，用葱姜芼之。"也就是说，其时饮茶已由生叶煮成粥状，发展到先将制好的饼茶炙成"色赤"，然后"置瓷器中"捣碎成末，在烧水煎煮过程中，再加上葱姜等调料，待煮好后供人饮用，就是将茶加佐料煮成羹后再饮用。其实，这种用茶做羹的记载，在晋代郭璞《尔雅注》中，就说道："茶树小如栀子，冬生叶，可煮羹饮。"又如，陆羽《茶经·七之事》引《艺术传》曰：晋代"敦煌人单道开，不畏寒暑，常服小石子，……所饮茶苏而已"。还有唐代《膳夫经手录》记载："茶，古不闻食之。近晋、宋以降，吴人采其叶煮，是为茗粥。"这些都表明六朝时，茶是煮成稀羹或薄粥状后混饮的。

85.　隋唐时的煮茶法是怎么饮用的？

隋唐时期，饮茶之风开始遍及全国。茶已不再是士大夫和贵族阶层的专有品，而已成为普通百姓的日常饮料。在一些边疆地区，诸如现今的新疆、西藏等地，兄弟民族在领略了饮茶有助于消化的特殊功效以及茶的风味以后，视茶为珍品，把茶看作是最好的健康饮料。正如唐代封演《封氏闻见记》所述：当时是"茶道大行，王公朝士无不饮者"，茶成了"比屋皆饮"之物。在这种情况下，由陆羽创立的煮茶法很快传播开来。

陆羽提倡煮茶法，不但要求茶、水、火、器"四合其美"，而且讲究煮茶技艺。①在煮茶前，先要用高温烤茶，并经常翻动，以防"炎凉不均"。烤至饼茶面上起"虾蟆背"状小泡时，当为适度。②烤好的茶要用剡纸趁热包好，以免香气散逸。③待饼茶冷却后，再将饼茶掰成小块，并碾成细米状。④过筛后，将碾好的茶进行筛分，使茶颗粒均匀。⑤煮茶须用风炉和釜作烧水器具，用木炭和硬柴作燃料，再加鲜活山泉水煎煮。煮茶时：当烧到水有"鱼目"气泡，"微有声"，即"一沸"时，加适量盐调味，并除去浮在表面的水膜，否则会"其味不正"；接着，继续烧到水釜边缘气泡"如涌泉连珠"，即"二沸"时，先在釜中舀出一瓢水，再用竹夹在沸水中边搅、边投入筛分好的茶粒；如此烧到釜中的茶汤气泡如"腾波鼓浪"，即"三沸"时，加进"二沸"时舀出的那瓢水，使沸腾暂时中止，以"育其华"。这样茶汤就算煮好了。

同时，主张饮茶要趁热连饮，一旦冷了，"则精英随气而竭，饮啜不消亦然矣"。还谈到，"每釜茶可煮三至五碗"。

上面说的仅是唐代民间煮茶和饮茶的方法，但已可看出，人们在饮茶技艺上已相当讲究。至于上层人士，特别是宫廷饮茶，其讲究程度更非民间所可比的，陕西扶风法门寺茶器的出土，就证明了这一点。

86. 宋元时的点茶法是怎么饮用的？

中国人饮茶，有"兴于唐，盛于宋"之说。北宋蔡绦在《铁围山丛谈》中写道："茶之尚，盖自唐人始，至本朝为盛。而本朝又至祐陵（即宋徽宗）时，益穷极新出，而无以如矣。"宋徽宗赵佶，作为一国之尊，著书《大观茶论》说：宋代茶叶"采择之精，制作之工，品第之胜，烹点之妙，莫不咸造其极"。可见宋代对茶叶的采制、品饮都是十分讲究的。而大宋皇帝赵佶以茶为内容的著书立说，大谈斗茶之道，更是推动了宋代饮茶之风的盛行。

点茶时，要先将饼茶碾碎，过筛取其粉末，入茶盏调成膏。随后，用瓶煮水使沸，把茶盏温热，认为"盏惟热，则茶发立耐久"。接着，就是"点茶"和"击沸"。点茶，就是把瓶里的沸水注入茶盏。点水时要喷泻而入，水量适中，不能断断续续。而击沸，就是用特制的茶筅边转动茶盏、边来回搅动茶汤，使盏中泛起"汤花"。如此不断地运筅击沸泛花，使点茶进入美妙境地。宋代许多诗篇中，将此情此景称为"战雪涛"。最后，就是鉴别点茶的好坏，首先看茶盏内表层汤花的色泽和均匀程度，凡色白有光泽，且均匀一致，汤花保持时间久者为上品；若汤花隐散，茶盏内沿出现"水痕"的为下品。最后，还要品尝汤花，比较茶汤的色、香、味后，方可决出胜负。

87. 明清时的泡茶法是怎么饮用的？

明代，明太祖朱元璋下诏，改团饼茶为散叶茶，人们饮茶不再需要将茶碾成细末，而是将散形茶投入壶或盏内，直接用沸水冲泡饮用。这种用沸水直接冲泡的沏茶方式，不仅简便，而且保留了茶的鲜香味，更便于人们对茶的直观欣赏，可以说是饮茶史上的一大创举，也为明人饮茶不过多地注重形式，而是较为讲究情趣创造了条件。所以，明人饮茶提倡常饮而不多饮，对饮茶用壶讲究综合艺术，对壶艺有更高的要求。品茶玩壶，推崇小壶缓啜自酌，成了明人的饮茶风尚。

清代，饮茶盛况空前，人们不仅在日常生活中离不开茶，而且办事、送礼、议事、庆典等也离不开茶。茶在人们生活中占有重要的地位。特别是用盖碗沏茶成为风尚，从王室至民间，广为流行。

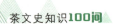
88. **现当代的多元化沏茶法是怎么饮用的?**

进入现当代以来,茶已渗透到社会的每个阶层、每个角落。饮茶已成为老少咸宜、男女皆爱的举国之饮。据不完全统计,进入21世纪20年代以来,我国茶叶人均年消费量已达1 500克以上,茶的消费量在世界220多个国家和地区中名列第一。

至于饮茶的方式、方法更是多种多样,有重清饮雅赏,追求香真味实的;有重名茶名点,追求相得益彰的;有重茶食相融,追求用茶佐食的;有重茶做药理,追求强身保健的;有重饮茶情趣,追求精神享受的;有重饮茶哲理的,追求借茶喻世的;有重大碗急饮,追求解渴生津的;有重以茶会友,追求示礼联谊的。此外,以烹茶方法而论,有煮茶、点茶和泡茶之分;依饮茶方法而论,有喝茶、品茶和吃茶之别;就用茶目的而论,有生理需要、传情联谊和精神追求多种。总之,随着社会的发展与进步、物质财富的增加、生活水平的提高,以及人们对精神生活要求的多样化,使我国饮茶的方式、方法也变得更加丰富多彩。特别是进入21世纪以来,随着颜值经济和社交经济在年轻追随者中的快速增长,一种欢快式、集约式、休闲式的饮茶方式从城市到乡村快速蔓延开来,卖场讲究意境、品饮讲究氛围、茶料讲究新颖,新型彩色茶、层色茶、水果茶、花草茶、果品茶、奶花茶等的出现,融合花香、果味,奶稠、茶清,使得"老树发新枝"的饮茶法脱颖而出,深受"90后"男女生的追捧。

89. **何为饮茶"三投法"? 出处在哪里?**

元明开始,茶叶已由唐宋时以紧压茶为主,逐渐演变成以散形条茶为主。如此一来,饮茶方法也发生了相应改革,由"唐煮宋点"逐渐演变成为沏泡法,就是将茶置入饮杯(碗、壶)中直接倾入热开水冲泡饮用。沏茶方法主要有三种,即上投法、中投法和下投法，这三种投茶方法主要用于绿茶沏泡，具体操作是根据茶的原料老嫩以及外形紧实程度而定。

上投法：就是先在杯（碗）中注入七八分满的热开水，然后再向水面上投放适量茶叶。这种投茶方法，特别适合细嫩、紧实的条形或卷曲形绿茶的冲泡，如径山茶、信阳毛尖、碧螺春等。

中投法：就是先在饮杯中注入1/4左右的热开水，而后投入适量茶叶，再轻轻摇动杯中茶叶。待茶叶被水浸润后，再注上热开水至七八分满为止。这种投茶方法，特别适合茶形紧结的扁形或钩形的绿茶，如西湖龙井、千岛玉叶、羊岩勾青等。

下投法：就是先在饮杯中投入适量的茶叶，然后沿杯壁注入热开水至七八分满为止。这种投茶方法，目前最为常见，特别适合茶形较为疏松，或者嫩度较一般的茶叶，诸如太平猴魁、六安瓜片以及大宗红、绿茶等。

沏茶三投法的最先出处，很多爱茶人往往不得而知。其实，沏茶三投法在明代早有记载，明代张源《茶录》载："投茶有序，毋失其宜。先茶后汤，曰下投；汤半下茶，复以汤满，曰中投；先汤后茶，曰上投。春秋中投，夏上投，冬下投。"至于沏泡茶时，为何投茶方式要按季而定，目前还没有可以信服的解释，有待在实践中加以阐明。不过，当今使用的三投法与古时施行的相比，似乎是针对茶的原料老嫩和成品茶的紧实度而言的。

90. 洗茶与醒茶有何区别？ 其意何在？

洗茶之说，首见于明代钱椿年《茶谱》："凡烹茶，先以热汤洗茶叶，去其尘垢、冷气烹之则美。"其意是说在沏茶过程中，需先洗茶，这样做能起到去尘垢和去冷气的作用，会使茶汤饮起来更加鲜美。不过，现今在茶艺实践过程中，很少听说有洗茶之说，但经常有醒茶和温润泡之举，其做法与洗茶相似，这可能就是从明代洗茶演变而来的。

通读有关文献，洗茶一词在明以后的其他茶艺文献中未见提及。但尽管如此，我们依然可以从现今沏茶过程中找到它的踪迹，这就是人们对部分茶沏泡时选用的醒茶之法，其目的基本相似：一是对粗老茶叶以及贮存年份较为长久的茶叶，有一定的去污和洁净的作用；二是为了使某些茶叶能更好地发挥出它的本性，目的在于提升茶的香气和滋味；三是在追求美好生活的新时代，给人以礼仪相待，表示对饮茶人的一种尊重。如在日常生活中，普洱茶、六堡茶、茯茶、藏茶等由于贮存时间较长，在冲泡第一道茶时往往采用高温快速冲泡后而弃之，就是洗茶或者说是醒茶的一种体现；又如加工后的铁观音、绿茶之类往往会放在干冷的贮存器中贮存，这些茶贮存时间较长后往往会产生一定的"冷气"，在冲泡时，可先用少许沸水激活茶性，除去冷气，让茶"苏醒"过来，于是才有人称之为"醒茶"，这对提升茶的饮用品性有较好作用。

另外，对龙井茶、碧螺春等少数名优茶采用浸润泡，即采用中投法泡茶，目的也有激活茶性之意。

91. 法门寺出土的茶器有哪些？ 为何说它是宫廷茶器？

法门寺位于陕西扶风县法门镇，相传始建于东汉明帝永平十一年（68），有"关中塔庙始祖""皇家寺庙"之誉，又因寺院珍藏释迦牟尼佛指骨舍利而成为举国仰望的佛教圣地。1981年8月，法门寺塔半侧倒塌，1987年4月在拆除残塔重建时，发现在塔底有地宫。宫内出土有大量金银、琉璃、瓷质器物，以及精美的丝织品等，特别是佛指骨舍利出土更是轰动全国。在这些秘藏了千年以上的珍贵文物中，还出土了成套的唐代宫廷饮茶器具，这为我们提供了唐代大兴饮茶之风的实物证据。据地宫出土的《物帐碑》载：内有"茶槽子、碾子、茶罗子、匙子一副七事，共八十两"。结合实物分析，"七事"是指：茶碾，包括碾、轴；罗合，包括罗身、罗盒和罗盖；以及银则、长柄勺等。从器物上錾有的铭文表明，这些器物制作于咸通九年至十年（868—869）。在器物上，还錾有"文思院造"字样，表明这些饮茶器具出自宫廷金银器专门制作工场。

同时，在茶罗子、银则、长柄勺等饮茶器物上还有"五哥"字样。据查，"五哥"乃是宫中对唐僖宗李儇（862—888）小时的爱称，说明这些饮茶器物是唐僖宗供奉之物。

其实，在法门寺出土的器物中，属于饮茶器物的并非只有"七事"，还有唐懿宗（860—874）时的宫廷饮茶器物和部分重臣供奉的饮茶器物，大致可以归纳为三类：一是金银茶器，二是秘色瓷茶器，三是琉璃茶器，这些出土的饮茶器物，在当时都是珍稀极致之物，为宫廷独享，具有王者之气。

法门寺地宫出土的饮茶器物，是世界上最早、最珍贵、最完整的宫廷饮茶器物，它的出土不但为饮茶"兴于唐"提供了实物依据，也为饮茶器具的发展提供了珍贵史料。

92. 茶宴是怎么形成和发展的？

茶宴，本是朋友间以茶为载体，并配以小点的一种清谈雅举。我国最早的"茶宴"始于两晋时期。据《晋中兴书》载：东晋时，吴兴太守陆纳宴请谢安"所设唯茶、果"而已。又《晋书》载：扬州牧桓温每次宴饮"唯下七奠柈茶、果"就是例证。

在南朝宋山谦之《吴兴记》中，也记有：每岁吴兴（湖州）、毗陵（常州）两郡太守采茶宴会于此。表明以茶为宴，在两晋南北朝时，至少已在上层社会呈现。

大唐时茶宴开始盛行，官居翰林学士钱起的《与赵莒茶宴》、鲍君徽的《东亭茶宴》、李嘉祐的《秋晓招隐寺东峰茶宴，送内弟阎伯均归江州》、白居易的《夜闻贾常州、崔湖州茶山境会想羡欢宴因寄此诗》、吕温的《三月三日茶宴序》，反映的都是以茶作宴的情景。其实，唐代茶宴已成为朝廷的一种国仪，每年在长安大明宫清明节举行的清明（茶）宴就是最好的例证，目的是怀祖、抚近、联谊，并祈求国泰民安。

宋代开始，茶宴更盛，特别流行于上层社会和禅林僧侣之间，其中尤以宫廷茶宴为最。蔡京的《延福宫曲宴记》写的就是宋徽宗赵佶亲自烹茶赐群臣的情景。而文人茶宴则多在知己好友间进行，大都选择在风景秀丽、环境宜人、装饰幽雅的场所举行，一般从相互间致意开始，然后品茗尝点、论书吟诗。

而禅林茶宴则在寺院内进行，参加的多为寺院高僧及地方知名文人学士。茶宴时，众人团团围坐，对冲茶、递接、汲水、品饮等都按要求进行。其中，最负盛名的是径山茶宴，整个过程按宋代《禅苑清规》程式，大致分为张榜、备席、击鼓、点汤、上香、入座、行盏、评赞、离席、谢客等内容。进行时，先由方丈或住持亲自调膏点茶，以示敬意。然后献茶给宾客品鉴。

当今茶宴，广为流行。进行时，在以品茶为主的前提下，再配点心佐食，用以作为宴请客人的一种方式。与古人的茶宴相比，虽然形式大抵相同，但内容已经有了新的提升，形式也更加多样了。

93. 大唐清明茶宴是怎么回事？

茶宴最早出现于南北朝时期，在宋山谦之的《吴兴记》中就有明确记载。入唐后，茶宴开始盛行，有关记载很多，特别是吕温的《三月三日茶宴序》中，不但写了茶宴的缘起，而且写了茶宴的幽雅环境，以及令人陶醉的欢乐之情。其实，茶宴这种形式，不仅在文人学士、禅林僧侣间广为流行，而且还成为朝廷的一种国仪，大唐清明（茶）宴就是例证。

清明茶宴是大唐时每年在清明节举行的大型宫廷茶宴，目的是怀祖、抚臣、联谊、友邦，并祈求上苍、先祖保佑，国泰民安。其时，在浙江湖州贡茶院新采制的紫笋茶，就会快马加鞭，昼夜兼程，通过驿站在十日之内于清明节前三天送达长安。官居湖州刺史的李郢作有《茶山贡焙歌》，记载了举行宫廷清明茶宴的情景，"春风三月贡茶时，……茶成拜表贡天子，万人争啖春山摧。驿骑鞭声砉流电，半夜驱夫谁复见？十日王程路四千，到时须及清明宴"。又据《苕溪渔隐丛话》载：顾渚紫笋"每岁以清明日贡到，先荐宗庙，然后分赐近臣"。因为清明茶宴是清明节宫廷举行的宴请活动，参加的人员不仅有王公大臣、皇亲贵戚，还有外邦使者等，其目的：一是展现大唐威震四方、展示繁荣景象；二是彰显皇帝风范、恩泽群臣的关爱之情；三是显示朝廷亲仁善邻、和谐万邦的政治气度。

94 如何解读大宋延福宫茶宴？

自唐以后，以茶代宴的聚会形式一直延绵不断，如五代时的朝臣和凝（898—955），与同僚"以茶相饮"，轮流做东，相互比试茶品，把这种饮茶之乐，美称为"汤社"。宋代开始，茶宴更盛，特别流行于上层社会和禅林僧侣之间，其中最有气势的莫过于大宋宫廷茶宴。这种茶宴通常在金碧辉煌的皇宫进行，能参加者被看作是皇帝对近臣的一种恩赐。所以，场面隆重、气氛肃穆、礼仪严格。这在北宋宰相蔡京的《延福宫曲宴记》中有详细记载："宣和二年（1120）十二月癸巳，召宰执亲王等曲宴于延福宫……上命近侍取茶具，亲手注汤击沸，少顷白乳浮盏面，如疏星淡月，顾诸臣曰，此自布茶，饮毕皆顿首谢。"这就是宋徽宗赵佶亲自烹茶赐群臣的情景。而作为臣僚能享受到如此厚爱，自然叩谢不已。翰林学士王禹偁有诗曰："样标龙凤号题新，赐得还因作近臣。"这种待遇，只有"近臣"方有享受的机遇。进士出身，官为太常博士的梅尧臣，授皇恩贡茶后，作诗曰："啜之始觉君恩重，休作寻常一等夸。"感激不已！

95. "伊公羹，陆氏茶"是什么意思？

"伊公羹，陆氏茶"一说，最早见诸陆羽《茶经·四之器》的"茶器二十四事"介绍中，该说出自其中，文字铸造在煮茶用的风炉之上。风炉以铜铁铸之。炉上有三只脚，上书古文字二十一个，一足云"坎上巽下离于中"，一足云"体均五行去百疾"，一足云"圣唐灭胡明年铸"。其三足之间设三窗，底一窗，作为通风和出灰

83

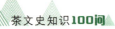

之处。炉腹上铸有古文书六字：一窗之上书"伊公"二字，一窗之上书"羹陆"二字，一窗之上书"氏茶"二字，连接起来，就是"伊公羹，陆氏茶"之句。

据查，伊公，即商代贤相伊尹（前1649—前1550），名挚，史籍记载生于河南洛阳伊川。一生辅佐过商时的五代帝王，是我国历史上的一位传奇人物。伊尹初时隐居山野，躬耕务农，然而他身份虽卑，但心忧天下。后经商汤三次礼请，遂始出为相，并用自己的智慧辅佐商汤，终于灭了残暴的夏桀王朝，在历史上备受文人志士的敬仰，孟子称他是能承大任的圣贤，后世尊他为"元圣"。伊尹除了对治理国家有卓越贡献外，还擅长用鼎器烹饪而著称。《辞海》引《韩诗外传》载"伊尹……负鼎操俎调五味而立为相"，这是用鼎作为烹饪器具的最早记录。古代鼎器为传国之重器，通常用于国家隆重礼祭，伊公以鼎器烹饪五味调和的美羹佳肴流芳千古。陆羽借伊公智慧用鼎煮茶，把茶境与道家五行溶于一鼎之中。陆羽铸鼎铭志，在煮茶风炉上铸就铭文"伊公羹，陆氏茶"，充分体现了陆羽自觉的价值观和应有的历史地位，也反映了陆羽写《茶经》的境界和行为所在。

第八篇　茶类的出现

在我国茶叶制造发展史上，茶叶加工大致经历了生吃鲜叶→生煮羹饮→晒干收藏→蒸青做饼→炒青散茶，直至白茶、黄茶、黑茶、乌龙茶、红茶等多种茶类的形成和发展的过程。

96. 茶叶制造技术是怎么发展起来的？

茶叶制造技术是劳动人民长期生产实践总结的结果。但在唐以前，正如皮日休所言"浑而烹之，与瀹蔬而啜者无异"，茶叶采来混煮，何以有制茶方法可言。直到三国魏时，张揖在《广雅》中写道："荆巴间采茶作饼，成以米膏出之。"表明三国时茶叶已由原先的采叶混杂羹饮发展到用米膏制成茶饼后煮饮了。

唐时，饮茶日益讲究，"饮有觕（粗）茶、散茶、末茶、饼茶"，它们都是不发酵的蒸青绿茶，这是制茶史上的一大进步，使茶叶制造方法更趋完善。不过唐时，虽然茶的形成有多种，但主要还是饼茶。依照《茶经·三之造》所述，饼茶加工分七道工序，即"晴，采之。蒸之，捣之，拍之，焙之，穿之，封之，茶之干矣"。就是茶叶采收后，先在甑釜中蒸，蒸过后的茶叶用杵臼捣碎，再把茶末拍压成团饼状，然后将茶饼焙干穿个孔，再串起来封存。其中，捣而不拍的便是末茶，蒸而不捣的便是散茶。但从刘禹锡《试茶歌》"斯须炒成满室香"来看，可能唐时已有炒青绿茶诞生了。

宋时，茶叶制造方法与唐时相差无几，但有三方面的改进：一是捣茶工具已由杵臼改为碾或磨，使茶末呈细粉状；二是饼茶表面增加了纹饰，增添了美观度；三是饼茶式样更趋多样化。

接着，从元至明，散茶制造在全国范围内逐渐兴起，特别是从明代洪武初年开始，除边茶外，下诏罢团茶、兴叶茶，从此散（叶）茶独盛，获得全面发展，一直流传至今。

97. 黄茶是怎么产生的？ 现状如何？

绿茶的基本工艺是杀青、揉捻、干燥，制成的茶清汤绿叶，故称绿茶。当绿茶制造工艺掌握不当，如炒青杀青温度低，或蒸青杀青时间长，或杀青后未及时摊凉，或揉捻后未及时干燥，堆积过久，都会使叶子变黄，产生黄叶黄汤，类似后来出现的黄茶。因此，黄茶的产生可能是从绿茶制法掌握不当演变而来的。

明代许次纾在《茶疏》（1597）中也记载了这种演变的历史："顾彼山中不善制造，就于食铛（一种平底浅锅）大薪焙炒，未及出釜，业已焦枯，讵堪用哉。兼以竹造巨笱（有专门用途的竹制容器），乘热便贮，虽有绿枝紫笋，辄就萎黄，仅供下食，奚堪品斗。"这里说的就是产生黄茶的缘由。至于当今人们在茶园中所见到的黄（金）叶茶树，是茶树出现黄化现象的结果，这在宋代释居简的《黄茶》诗中就有记载："官焙曾看白玉花，不知黄玉在山茶。"前者说的是鲜叶制造后的茶类，后者说的是生长在茶树上的嫩叶。

如今，生产黄茶的区域相对于其他茶类而言比较固定，少见有新的生产区域产生。

98. 黑茶是什么时候出现的？

绿茶杀青时叶量多、火温低，会使叶色变为近似黑色或深褐色。另外，绿毛茶堆积后，会使茶叶缓慢发酵，以致渥成黑色，这些便是产生黑茶的缘由。明代嘉靖三年（1524），在御史陈讲的奏疏中就有黑茶生产的记载："商茶低伪，悉征黑茶，地产有限，乃第茶为上中二品，印烙篦上，书商名而考之。"当时湖南安化生产的黑茶，多运销边区以茶易马。又据《明会典》载，穆宗朱载垕隆庆五年（1571）令"买茶中马事宜，各商自备资本。……收买真细好茶，毋分黑黄正附，一例蒸晒，每篦（即篾篓）重不过七斤。……运至汉中府辨验真假，黑黄斤篦，各另秤盘"。当时四川黑茶和黄茶是经蒸压成长方形的篾包茶，每包7斤，销往陕西汉中。崇祯十五年（1642），在太仆卿王家彦的奏疏中也说："数年来茶篦减黄增黑，敝茗羸驮，约略充数。"上述记载表明，黑茶的制造至迟始于明代中期。

99. 白茶是怎么产生的？ 这与宋代所说的白茶有何区别？

古代采摘茶叶后，用晒干收藏的方法制成的产品，实际上就是最原始的白茶。但宋时所说的白茶，是指偶然生长在白叶茶树上采摘制成的茶。宋徽宗赵佶《大观茶论》载："白茶自为一种，与常茶不同，其条敷阐，其叶莹薄，崖林之间，偶然生出。盖非人力所可致，正焙之有者不过四五家，生者不过一二株，所造止于二三胯而已……如玉之在璞，他无与伦也。"这种白茶实为白叶茶，按制法而说，当属蒸青绿茶。现代的安吉白茶，就属于这种用白色芽叶制成的白茶，这与后来发展起来的用茸毛多的芽叶、不炒不揉而制成的白茶是不一样的。前者是用白色芽叶制成的绿茶，后者是用绿色芽叶制成的白茶。

明代田艺蘅撰《煮泉小品》，记载有类似现代白茶制法："芽茶以火作者为次，生晒者为上，亦更近自然，且断烟火气耳。况作人手器不洁，火候失宜，皆能损其香色也。生晒者瀹之瓯中，则旗枪舒畅，清翠鲜明，尤为可爱。"

其实，现代白茶是从宋代绿茶三色细芽、银丝水芽开始逐渐演变而来的，最初是指干茶表面密布白色茸毫、色泽银白的"白毫银针"，后来又发展产生了白牡丹、贡眉和寿眉等不同花色。白茶是采摘大白茶树的芽叶制成的，这种茶树最早发现于福建政和，相传

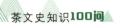

是咸丰、光绪年间被乡农偶然发现的。这种茶树嫩芽肥大、毫多，生晒制干，色白如银，香味俱佳。

100. 红茶何时出现的？ 发展过程是怎样的？

红茶一词最早见诸明代刘基的《多能鄙事》，在饮食类茶汤法中，在谈到制作兰膏茶、酥签茶时，都谈到用红茶末入汤剂之事，但并没有说明红茶的来历与生产方法。一般认为红茶的产生是在茶叶制造过程中，当日晒代替杀青，再经揉捻后叶色红变所致。明确记载红茶生产过程的是从福建崇安的小种红茶开始的。据清代刘埥《片刻余闲集》（1732）记述："山之第九曲尽处有星村镇，为行家萃聚之所。外有本省邵武、江西广信等处所产之茶，黑色红汤，土名江西乌，皆私售于星村各行，而行商则以之入于紫毫芽茶内售之。"自星村小种红茶诞生以后，逐渐演变产生了工夫红茶，并传至江西、安徽等地生产。安徽祁门生产的红茶，是1875年安徽余干臣从福建罢官回乡，将福建红茶制造方法带去的，他在至德尧渡街设立红茶庄试制成功，翌年在祁门历口又设分庄试制，以后逐渐扩大生产，从而产生了著名的祁门工夫红茶。后来我国出口的工夫红茶深受国外饮茶爱好者的赞赏。

20世纪20年代，印度等国开始发展将茶叶揉切加工成红碎茶，产销量逐年增加，最终成为世界茶叶贸易市场的主要红茶产品。接着，我国也于20世纪50年代末开始试制红碎茶，并获得成功。

101. 青茶的起源与变更是怎么回事？

青茶，又称乌龙茶。它的起源，学术界有争议。一般认为最早创始于福建武夷山。关于乌龙茶的制造，据清代陆廷灿《续茶经》所引述的王草堂《茶说》记载：武夷茶"茶采后，以竹筐匀铺，架于风日中，名曰晒青，俟其青色渐收，然后再加炒焙。阳羡岕片，只蒸不炒，火焙以成。松萝、龙井，皆炒而不焙，故其色纯。独武夷炒焙兼施，烹出之时，半青半红，青者乃炒色，红者乃焙色也。茶采而摊，摊而摵（摇的意思），香气发越即炒，过时、不及皆不可。既炒既焙，复拣去其中老叶枝蒂，使之一色"。《茶说》成书时间在清代初期，因此武夷茶这种独特工艺的形成定在此之前。现福建崇安武夷岩茶的制法仍保留了这种乌龙茶传统工艺的特点。

至于乌龙茶最早创始于福建的观点，也有学者持不同看法，认为有史料证明，乌龙茶最早创始于广东饶平。据清康熙二十六年（1687）《饶平县志·卷之一》"茶"条载："饶中百花、凤凰山多有植之，而其品不恶。"与此同时，还概括出乌龙茶生产的特殊流程，种茶："宜风"，"宜露"，"宜微云"；采青："宜晴天"，"宜去梗"；晒青："宜微日"；炒青："宜净锅"，"宜缓急火"；揉青："宜善揉生气"；收藏：焙干后"宜密收贮"。

此外，文献中有"兼此者不须借邻妇矣"记述。相传，妇女采茶，藏于怀中，归家后抖出制作。某妇因家务繁忙，回屋后忘了制茶，立即投身于其他家务。直至次日才想起制茶，但所采茶叶已经发酵，且香气四溢。于是茶农悟出一个道理，生茶叶先发酵，可以大大提高成品茶质量。从此以后，便借助左邻右舍妇女帮忙，先在怀中"发酵"，再行制茶。如此通过不断实践，终于积累了比较规范的制作技艺，尤其是发酵一项，借助日晒取代原始的"借怀发酵"，这就是最早的乌龙茶原始制茶工艺。

102. 普洱茶是怎么产生和发展的？

普洱茶最早是指普洱府所辖范围内生产的茶叶，茶因地而得名。明代谢肇淛《滇略》曰："土庶所用，皆普茶也。"清代赵学敏《本草纲目拾遗》云："普洱茶出云南普洱府，成团，有大中小三等……性温味香，名普洱茶。"不过，历史上的普洱府已于民国二年（1913）撤销，但普洱茶名传承至今。

其实，云南产制团块茶历史久远。晋代傅巽《七诲》叙述各地的名特产品时，就谈到"南中茶子"，指的就是云南一带产的团形压紧茶。唐代樊绰《蛮书·云南管内物产第七》中记载："茶出银生城界诸山，散收，无采造法。"所谓散收的茶可能就是通常所说的晒青茶。清光绪《普洱府志》载："普洱古属银生府，则西番之用普茶已自唐时。"说明唐时普洱茶已开始作为散收晒青茶行销至西藏一带。宋时，大理政权为战争需要，在普洱设"茶马市场"，以普洱茶换取西藏马匹，并因"以茶易西番之马"而形成了历史上第一条普洱至西藏的"茶马古道"。元代，普洱所产之茶随蒙古人北上而进入沙俄。明代谢肇淛《滇略》中提道："士庶所用，皆普茶也，蒸而成团。"说明明时普洱茶已"蒸而成团"了。到了清代，阮福《普洱茶记》中已有详细记载："所谓普洱茶者，非普洱府界内所产，盖产于府属之思茅厅界也。厅素有茶山六处……每年备贡者，五斤重团茶、三斤重团茶、一斤重团茶、四两重团茶、一两五钱重团茶，又瓶盛芽茶、蕊茶，匣装茶膏，共八色。"清代赵学敏《本草纲目拾遗》亦有类似记载，表明清时普洱茶还是向清廷进贡的贡品。

现代，普洱茶既有传统加工经多年仓储存放的，也有经渥堆后发酵新工艺加工的，主产于云南的西双版纳、普洱、临沧等地。

103. 花香茶出现在何时？ 它是如何演变过来的？

茶加香料或香花的做法，早在宋时已有记载，北宋蔡襄《茶录》中提道："茶有真香，而入贡者微以龙脑（冰片）和膏，欲助其香。"南宋施岳《步月·茉莉》词注："茉莉岭表（指岭南地区，即今广东、广西、海南及越南北部地区）所产……此花四月开，直至桂花时尚有玩芳味，古人用此花焙茶。"而在南宋赵希鹄的《调燮类编》中还记载了花茶窨制工艺技术："木樨、茉莉、玫瑰……皆可作茶。诸花开时，摘其半含半放蕊之香气全者，量其茶叶多少，摘花为伴。"

明代，在刘基的《多能鄙事》中对花茶加工所需工具、加工步骤、操作技术都有比较详细的说明和要求。在顾元庆《茶谱》中，还有用橙皮窨茶和莲花窨制花茶的记述。而在钱椿年《茶谱》中，对花茶窨花品种有更多谈及。

至清末民初，徐珂的《清稗类钞》中还进一步叙述了花茶的制法与饮用方法。

如今，在市场上常见的花茶不下数十种，早已成为一类重要的再加工茶类。它既保留茶的滋味与功效，又增添了花的香气与美姿，两者相辅相成，把茶的天然属性推到了一个新境界。

104　茯茶是怎样产生和形成的？

茯茶的诞生地是陕西泾阳，所以人们习惯称它为泾阳茯茶。又由于茯茶经压制后形似砖块，故又有泾阳茯砖茶称谓。

中唐时期，随着茶马互市的开通和"万国来朝"的施行，泾阳由于是西出长安的门户，又地处中原，如此便成了我国茶马互市最早的必经之地。如此算来，泾阳作为西北边茶的商贸重镇，已有1 200年以上的历史了。

宋时，在"边民生活不可无茶，中原强军不可无马"的政策指引下，四川、湖南以及陕西等地茶叶经黄河、过渭水、入泾河，源源不断运抵泾阳。于是，泾阳便逐渐成为边茶集散中心。而这种边茶，其实就是茯茶的前身。

明代，从洪武元年（1368）开始，茶马交易作为一项治国安民的国策得到进一步强化，从而使大量茯茶原料从湖南、四川、陕南等地源源不断地集中到泾阳。商界为节约运输成本，便在泾阳就地将茯茶原料加工压制成砖形茯茶，远销西北边境，以及中亚、西亚等地。如此，泾阳又成了最早生产茯砖茶的基地。如此算来，泾阳生产茯砖茶的历史，至少有600多年历史了。

清代，泾阳茯茶一直处于边茶加工和贸易集散中心地位。特别是清初，从顺治开始，主要是从湖南安化等地运往泾阳的茯茶原料，在泾阳经过再加工而压制成砖形的茯茶，更是名闻遐迩，盛极于世。这种情况一直延续至 20 世纪 50 年代初，由于考虑运输方便和降低成本的需要，泾阳茯砖茶一度中止加工生产，改由原料主产地湖南安化等地生产。至 21 世纪初开始，由于泾阳生产茯茶有一定生态优势，于是茯茶生产再次在泾阳兴起，令人刮目相看。

105. 千两茶是怎么产生的？ 有哪些花色品种？

千两茶原本是黑茶类中的一个花色品种，为圆柱形，呈树干状。通常每根（支）干重为 1 000 两（旧制，16 两为 1 市斤），故得名千两茶；又因外表用篾篓包装成花格状，所以又名花卷茶。千两茶每根长 1.5～1.65 米，直径 0.2 米左右，净重为 31.25 千克。

一般认为千两茶最早出自湖南安化，始创于清道光年间（1821—1850）。当时，陕（陕西）商到湖南安化采购黑茶，主要靠骡马背运。后来为运输方便，缩小茶包体积，节约运输成本，便将采购的散装黑茶踩压成柱状运回陕西。接着，陕商又对茶柱做了改进，将散黑茶踩压成圆柱形的百两茶。清同治年间（1862—1874），晋（山西）商"三和公"茶号，又在百两茶的基础上将重量增加至 1 000 两，采用大长竹篾篓将黑毛茶踩压捆绑成圆柱形的千两茶。又由于千两茶为山西祁县（祁州）、榆次（绛州）等茶商经销，故历史上的千两茶又有祁州卷和绛州卷之别。祁州卷每根重为 1 000 两，绛州卷每根重为 1 100 两，如今生产的统一为千两茶。当代，在市场上还有用普洱茶、乌龙茶原料压制生产的千两茶。

106. 古代茶叶是怎么贮藏的？

茶叶开始规模生产，并随着商品茶逐渐进入市场后，茶叶如何保管贮藏就成了问题。历史上，最先记载如何藏茶的是唐代的韩琬，他在《御史台记》谈到：茶"贮于陶器，以防暑湿"。宋代赵希鹄在《调燮类编》中写道："藏茶之法，十斤一瓶，每年烧稻草灰入大桶，茶瓶坐桶中，以灰四面填桶瓶上，覆灰筑实。每用，拨灰开瓶，取茶些少，仍覆上灰，再无蒸坏，次年换灰为之。"明代许次纾在《茶疏》中也有记述："收藏宜用瓷瓮，大容一二十斤，四周厚箬，中则贮茶，须极燥极新，专供此事，久乃愈佳，不必岁易。……可以接新。"说明我国古代对茶叶的贮藏是十分讲究的。按照这种方法藏茶，"可以接新"，也就是说可以达到一年保质期。进入现当代，随着时代的发展，科学的进步，茶叶的贮藏方法已今非昔比，但是尽管贮藏方法有所改进和提高，但是茶叶保质的目的、贮藏的原理却是相同的。当前家庭茶叶贮藏方法常用的有：冷藏法、坛藏法、罐藏法、袋藏法、瓶藏法、真空法等。

第九篇　茶情探源

茶是一片神奇树叶，经历了图腾崇拜、药用治病、煎煮食用、饮料解渴、综合利用等多种用途，融入人民生活的多个方面。正如"任督二脉，气血相通"，人民生活中发生的许多事情，许多场合几乎都可以找到与茶相关的踪迹。

107. 茶话会是怎么形成的？

茶话会，它质朴无华，吉祥随和，广泛用于各种社交场合，上至欢迎各国贵宾，商议国家大事，庆祝重大节日；下至开展学术交流，举行联欢座谈，庆贺工商开张。在中国，特别是新春佳节，党政机关、群众团体、企事业单位，总喜欢用茶话会这一形式，清茶一杯，辞旧迎新。所以，茶话会成了我国最流行、最时尚的集会社交形式之一。在茶话会上，大家品茶尝点，不拘形式，叙谊谈心，好生快乐。在这里，品茗成了促进人民交流的一种媒介，饮茶解渴已经无关紧要。

一般认为茶话会是在古代茶话和茶会的基础上逐渐演变而来的。而"茶话"一词，据《辞海》称："饮茶清谈。方岳《入局》诗：'茶话略无尘土杂。'今谓备有茶点的集会为'茶话会'。"表明茶话会是用饮茶尝点形式招待宾客的一种社交性集会形式。而"茶会"一词，最早见诸唐代钱起的《过长孙宅与郎上人茶会》，诗中描述的是钱起、长孙和郎上人三人茶会，他们一边饮茶，一边言谈，不去欣赏正在开放的石榴花，且神情洒脱地饮着茶，甚至连天晚归

家也忘了。如此看来，茶话会与茶宴一样，已有千年以上的历史了。

由于茶话会廉洁勤俭，简单朴实，又能为社交起到良好的联谊作用，所以很得人心。目前，在世界各地都有茶话会流行，成为我国以及世界上众多国家最为时尚的社交集会方式之一。

108. 何谓斗茶？斗茶是怎么产生的？

斗茶，又称茗战，用以战斗的姿态，互评互比茶的优劣，决出胜负的一种场景。北宋蔡襄在《茶录》中写到：斗茶之风，先由宋代名茶产地建安兴起，用斗茶斗出的最佳茶品，方能作为向朝廷进贡的贡茶。所以说斗茶其实是在贡茶兴起后才出现的一种名茶评比活动。对此，北宋范仲淹的《和章岷从事斗茶歌》说得十分明白："北苑（茶）将期献天子，林下雄豪先斗美。"为了将最好的茶献给天子，达到晋升或受宠之爱，从而推动了宋代斗茶之风盛行。为此，宋代唐庚还专门写了一篇《斗茶记》。其时，唐庚还是一个受贬黜的人，但他仍不忘参加斗茶，足见宋代斗茶之兴盛。

元代赵孟頫仿画一幅《斗茶图》：它真实地反映宋时盛行，并已深入到民间的斗茶之风。同时，也是元代继宋人所好，斗茶之风不减的反映。

明代斗茶，虽然记载不多，但仍未消失，这可从明代大画家仇瑛绘的《松溪斗茶图》、明万历刻本《斗茶图》等画作中窥见一斑。

斗茶，虽始于唐末，盛于宋、元，却在古代茶文化史上留下了重要的一页，并对提高茶叶品质，促进名优茶生产起到重要作用。只是从明代开始，斗茶已逐渐演变成为审评茶叶的一种技艺和评比名优茶的一种方法。如今各地开展的名优茶评比与斗茶比赛，其实就是古代斗茶的演绎。

109. 苏、蔡是怎样斗茶、斗法的？

"水为茶之母"，茶的品性是通过水体现出来的。北宋的名臣蔡襄和进士出身的苏才翁（即苏舜元）更是别出心裁，用尽心计，二人在斗茶时，据北宋江休复《嘉祐杂志》载："蔡茶精，用惠山泉；苏茶劣，改用竹沥水煎，遂能取胜。"这种"竹沥水"，取自浙江天台山竹叶上的露水，取水时要"断竹梢屈而取之"。对所取的水，"盛以银瓮"，并且不能掺入他水，若以他水杂之，则亟败。苏、蔡两人，均是北宋名人，好品茶，又善斗茶。对古代品茶艺术的最高形式斗茶，双方孜孜以求，如痴如醉，着实下了一番功夫。大家都知道，斗茶是综合技艺的体现，它与茶、水、火、器等紧密相关，如果客观条件相同，在很大程度上则决定于水品的优劣。而当时，对于苏、蔡二人来说，正是"茶逢对手"，不相上下，于是双方便在择水上进行较量。蔡襄选的尽管是御用江苏无锡的惠山泉水；但苏才翁汲的是天台山"竹沥水"，它不但弥补了"茶劣"，而且还略胜一筹，终于取胜。它告诉我们，自从饮茶进入文人的生活艺术领域以后，对茶的色、香、味、形的体现者水来说，有着更高的要求，这也是文人精于取水的道理所在。

110. 点茶与茶百戏有何联系？ 影响何在？

分茶一说，始见唐代韩翃的《为田神玉谢茶表》："吴主礼贤，方闻置茗；晋臣爱客，才有分茶。"表明分茶是一种待客之礼。宋初饮茶沿袭唐人习俗，煮茶时须加盐，不用者则称点茶，而分茶则是由点茶技艺派生出来的一种技艺。尔后，又将分茶之法逐渐演变成为一种茶艺游戏，即茶百戏。进行时，须"碾茶为末，注之以汤，以笺击沸"，使茶汤表层浮液幻变成各种图形或字迹。北宋陶穀《茗荈录》载："近世有下汤运匕，别施妙诀，使汤纹水脉成物象者，禽兽、虫鱼、花草之属，纤巧如画，但须臾即就散灭。此茶之变也，时人谓之茶百戏。"表明茶百戏是宋人点茶时派生出来的一种茶艺游戏，原先主要流行于宫廷闺阁之中，后来扩展到民间，连帝王和庶民都玩。据宋代重臣蔡京《延福宫曲宴记》载：宴会上宋徽宗亲自煮水点茶，击沸时运用高超绝妙的手法，竟在茶汤表层幻画出"疏星朗月"四字，受到众臣称颂。不过，分茶虽出自斗茶中的点茶，但着重点不在于斗出好的茶品，而是通过"技"注重于"艺"，这个"艺"就是使茶汤表面显现出变幻的纹饰。但又不同于纯艺术的游戏，似乎两者的因素都有，即在茶艺过程中有游戏，游戏过程中有茶艺。

分茶，即茶百戏，主要流行于宋、元时期，这是一种由点茶派生出来的以艺术为主的游戏，给人们带来的影响是很大的，它在茶汤液面产生和形成的幻影，特别是给佛教造成了深远的影响。如今"老树发新枝"，宋时的点茶及由点茶及其后来形成的一种趣味技艺分茶（茶百戏），又开始有复兴之势。

111. 罗汉贡茶是怎么产生的？ 影响何在？

盛行于宋、元时期的点茶，具有很强的技艺性，它给人们带来的影响是较大的，尤其对佛教文化产生了深远的影响。据北宋陶穀《清异录》载：沙门有一个名叫福全的和尚，善于点茶注汤。一次，有人求教，他当场点茶献艺，在四个茶盏中，各现诗一句，凑起来是一首诗："生成盏里水丹青，巧画工夫学不成。却笑当时陆鸿渐，煎茶赢得好名声。"他笑人间"学不成"此等功夫，还暗自讥讽了唐代"茶圣"陆羽。宋代杨万里曾在《澹庵坐上观显上人分茶》一诗中，记述了宋代高僧显上人的高超点茶技艺："纷如擘絮行太空，影落寒江能万变。"表明佛门对点茶有更深的了解和掌握。不仅如此，佛家还将点茶加以佛化，就是将点茶时茶盏内茶汤表面出现的泡沫景象和特异情景，与佛教的意念融合在一起。据《天台山方外志》载：宋景定二年（1261），宰相贾似道命万年寺妙弘法师建昙华亭，供奉五百罗汉。点茶时，茶碗汤面浮现出奇景，并出现"大士应供"四字，认为这是罗汉显灵。后来，众多诗人吟咏这一"罗汉供茶"奇事。这种"罗汉供茶"出现的神灵异感，传至京城汴梁（今开封），连仁宗皇帝赵祯，也感动不已，认为这是佛祖显灵，随即派遣内使张履信持诏犒赏，使朝廷文武百官为之震惊。北宋天台山国清寺高僧处谦，还将天台山方广寺内的点茶灵感带到杭州，给时任杭州太守苏东坡察看，苏氏大为赞叹，后赋诗《送南屏谦师》："天台乳花世不见，玉川（卢仝）风腋今安有？东坡有意续《茶经》，会使老谦名不朽。"苏东坡感叹不已。此情此景，传到日本，也为之震惊。

112. 茶馆是怎样发生与发展的？

唐代陆羽《茶经》引《广陵耆老传》载："晋元帝时，有老姥每旦独提一器茗，往市鬻之，市人竞买，自旦至夕，其器不减。"表明晋时，已有人在市上挑担卖茶水，大致相当于如今流动着的茶摊。而真正有茶馆意义的记载是唐代封演的《封氏见闻记》，其中写道："自邹、齐、沧、棣，渐至京邑城市，多开店铺，煎茶卖之，不问道俗，投钱取饮。"表明在中唐时，随着茶文化在全国范围内兴起，在许多城市已开设有煮茶卖茶的店铺。这种店铺，已称得上是茶馆了。

宋时，茶馆业开始繁华兴盛，特别是京城汴京（今开封），正如张择端《清明上河图》绘画所载：图中虹桥的右下部及对岸河边，茶铺一字排开，屋檐下方桌排列有序，许多茶客在席间喝茶闲谈。这种盛况在《东京梦华录》中也有详细记载。南宋时，据耐得翁《都城纪胜》载：当时京城临安（今杭州）茶馆不但形式多样，有大茶坊、人情茶坊、水茶坊等；而且讲究排场，数量也更多了。所以，吴自牧《梦粱录》载：南宋时杭州"处处各有茶坊"。

明代，茶馆又有发展，据明代嘉靖年间《杭州府志》记载：旬月之间开五十余所，今则大小茶坊八百所……。与此同时，京城北京卖大碗茶兴起，列入三百六十行（业）之一。

清代，茶馆业更甚，遍及全国大小城镇。尤其是北京，随着清代八旗子弟入关，他们饱食之余，无所事事，茶馆也就成了他们消遣时光的好去处。当代，据不完全统计，成都有茶馆 5 000 余家，北京、广州、杭州等地各有 2 000 家以上，估计全国至少有大小不等茶（艺）馆 20 余万家。

113. 施茶会是怎么一回事？

施茶会，也称茶会，它主要流行于我国江南农村地区，大多是民间慈善义举所为。一般由地方乐善好施者，或热心于公益事业的人士自愿组织，民间共同集资，在过往行人较多的地方；或大道半途，设立凉亭；或建起茶棚，公推专人轮流管理，职责烧水泡茶，供行人免费取饮。大凡出资者的姓名及管理实施公约刻于石碑之上，以明示大众。这种慈善活动，在我国江南民间，旧日极为常见。浙江江山万福庵茶会碑中，记的就是当地僧尼与民间集资施茶行善之事，它对研究我国江南民间茶俗有着重要的作用。江山茶会碑现珍藏在江山市文物管理委员会内。

我国旧时多建有茶庵，大多建在大道旁，尤以尼姑庵居多。她们暑日备茶，供路人歇脚解渴是茶庵的主要任务之一，性质与茶亭基本相同，只是多为修行尼姑所施。旧时，在我国江南一带，茶庵很多。据清乾隆《景宁县志·寺观》载，浙江景宁全县有四个茶庵："惠泉庵，县东梅庄路旁"；"顺济庵，一都大顺口路旁"；"鲍义亭（庵），一都蔡鲍岸路旁"；"福卢庵，在三都七里坳"。明清时，屈大均的《广东新语》亦载：在珠江之南，"有茶庵，每岁春分前一日。采茶者多寓此庵"。

另外，还有民间设在过往要道旁的茶亭，也是乐善好施者为过往行人免费提供喝茶、歇脚生息的场所。这在江南农村随处可见，许多地方有小地名谓之茶亭的，就是旧时设有茶亭的地方。

如今，这种助人为乐，设立免费茶摊，供过往行人饮茶之举，

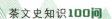

在我国城乡依然较为普遍，即便在一些大城市，也常有所见。只不过形式较为简单，它常常出现在某个或几个乐事好善者之手，以闲居老年女性居多。

114. 开门七件事的出典在哪里？

柴米油盐酱醋茶，俗称开门七件事，指的是与人民切身利益密切相关的生活要素。

开门七件事之说，一般认为始于宋朝。宋代吴自牧《梦粱录·鲞铺》曰："盖人家每日不可阙者，柴米油盐酱醋茶。"

元代《湖海新闻夷坚续志》载，曾有宋人用俗语云："早晨起来七般事，油盐酱豉姜椒茶，冬要绫罗夏要纱。君不见，湖州张八仔，卖了良田千万顷，而今却去钓虾蟆，两片骨臀不奈遮！"元代还有一首《当家诗》写得更有意思：想你当家不当家，及至当家乱如麻。早起出门七件事，柴米油盐酱醋茶。应该说，柴米油盐酱醋茶是生存的基本条件，如果这一点都无法解决，那可以说是穷困潦倒了。此外，在元代武汉臣的元曲《玉壶春》、李寿卿的杂剧《度柳翠》等作品中都有提及开门七件事。

及至明代，唐寅借一首诗《除夕口占》点明了七件事与生活息息相关：柴米油盐酱醋茶，般般都在别人家；岁暮清淡无一事，竹堂寺里看梅花。

不过，开门七件事是专指我国人民的日常生活而言的，茶是生活中离不开的七件事之一，于是也就成了"不可一日无此君"之物。

115. 茶疗是怎么形成的？

茶疗是茶学家、医学家和药学家在长期生活实践中总结整理而成的一种养生健身的方式，它将茶学、医学、药学理论和知识完美结合，茶既能预防疾病，疗养身体；又能品茶修性，快乐身心，长期饮之还能延年益寿，提升生活品质的特性，相互融会贯通，并在实践中加以运用，从生理、心理等多个方面提升个人的生活品质。

其实，茶的发现和利用本来就是从药用开始的。南宋时，日本荣西禅师前后两次来中国学佛，时间长达五年之久，对中国茶学有深究。他回国后写了日本第一本茶书《吃茶养生记》，誉茶是"养生之仙药，延龄之妙术"，归属为"万病之药"。自宋以后，还出现了茶疗系列专篇。明代药学家李时珍的《本草纲目》中，就附含茶疗方16则，另有"代茶饮方"10则，并加以一一详细考证。此外，茶疗还可扶正祛邪、预防颐养，这在《慈禧光绪医方选议》中有大量实例考证。

茶疗，既可单方，也可复方。20世纪90年代，当代著名中医药学家林乾良系统整理历代茶疗方剂，总结提出在古医书中，茶对人体疗效至少有24种功效。林乾良先生还编著《茶寿与茶疗》《中国茶疗》等著作出版，普惠世人。

116. 北宋茶农起义是怎么爆发的？

北宋初，刚结束了五代十国分裂割据局面的宋王朝，百业待兴。其时，宋太宗为安抚有功之臣，推行"兼并"政策，使有功臣子占有更多的良田美宅，使众多百姓更加难以为生。与唐代相比，茶政、茶法更为严厉，迫使以茶为生的茶农更加陷入困境，也使许多以贩茶为生的茶贩失去生计，于是以贩茶为生的王小波、李顺便号召茶农揭竿起义。宋代淳化四年（993）二月，终于爆发大规模茶农起义。对此，《续资治通鉴》载："（四川）青城县民王小波，聚徒众，起而为乱，谓众曰：'吾疾贫富不均，今为汝均之！'贫民多来附者，遂攻掠邛、蜀诸县。"

王小波起义，由于切合民意，所以立刻得到广大劳苦大众的拥护，短短几天时间就聚集了几万乡里民众，很快攻克青城县城。接着，又横扫彭山县，杀死了贪暴横行的县令齐元振。紧接着，又转战邛州（今四川邛崃）、蜀州（今四川崇州），凡所到之处，将乡里富豪家中贮存的多余钱粮，分发给穷人，得到广大农民群众拥护，从而使起义队伍迅速壮大。同年十二月，起义军与官军在江原县（今四川崇州市东南）发生激战，王小波被官军用冷箭射伤，但仍攻克江原。而王小波终因伤势过重而身亡，于是起义军又推李顺为领袖，继续英勇奋战。其时，起义军已壮大到数十万人。淳化五年（994）正月，由李顺率领的起义军猛攻成都，大败官军，建立了大蜀政权。接着，李顺派将领兵进攻剑门，不幸遭到几十万官军阻击，遭受重创。之后，成都又被官军重重包围，最后终因寡不敌众而失利。如此，由王小波、李顺率领的因茶而发生的茶农起义，虽然只延续了五年之久，并以失败而告终，但却沉重打击了封建统治阶级的政权，最终迫使北宋王朝不得不向茶农作出一些让步。

117. 南宋茶农为何揭竿起义？ 结果如何？

南宋建立后，茶叶专卖制度更加严厉，哪里有压迫，哪里就有茶农反抗，尤其是两湖、两浙、四川、江西等主要产茶区域，朝廷剥削茶农、欺压茶商的手段更毒，茶农被迫低价售茶，茶贩亏本销茶，最后在忍无可忍的情况下，众人合一被迫造反，揭竿起义，"数百为群，劫掠舟船""横刀揭斧，叫呼踊跃"，尤其是以赖文政率领的起义军影响最为深远。

赖文政（？—1175），又名赖五，荆南（今湖北江陵）人。他早年从事茶叶贩卖，常到湖北各地贩运茶叶。1174年，湖北茶农数千人揭竿起义，公推赖文政为起义军领导之一。起义军一度从湖北攻入湖南，后因遭朝廷重兵围攻，只得从湖南退回湖北。次年夏，赖文政再次在湖北率领茶农起义，起义军南下攻入江西，在吉州（今江西吉安）击败官军。紧接着，起义军继续南下广东，遭到提刑林光朝极力围攻，起义军只得折回江西，退到江西兴国时，虽然只剩八百军士，但依然顽强不屈，直到最后赖文政被江西提刑辛弃疾诱杀于江州（一说他脱走）而中止。

　　南宋赖文政率领的茶农起义虽以失败告终，但也迫使朝廷对茶政、茶法的实施做出一些让步。

第十篇 《茶经》述说

陆羽，在茶及茶文化发展史上是一个具有划时代意义的人物，其人、其事、其绩，历代都有极高评价。他所著《茶经》虽历经1 200 余年，至今仍具理论价值和指导意义，是一部彪炳千秋的不朽之作。

118. 陆羽一生取得过哪些成就？

陆羽成名，除了他撰写世界上第一部茶学专著《茶经》外，还有其他诸多方面成就。归纳起来，至少还有四个方面。

（1）文学作品颇丰。有据可查的有《谑谈》三卷、《天竺、灵隐二寺记》、《陆文学自传》、《君臣契》、《源解》、《江表四姓谱》、《南北人物志》、《吴兴历官记》、《湖州刺史记》、《梦占》、《茶经》、《毁茶论》、《顾渚山记》两篇、《吴兴历官记》三卷、《湖州刺史记》一卷、《泉品》一卷、《居臣契》三卷、《源解》三十卷、《江表四姓谱》八卷、《南北人物志》十卷等。

此外，还参加了颜真卿《韵海镜源》的编写工作。

（2）诗词歌赋俱佳。据查，陆羽前后写有许多诗词歌赋，如《会稽小东山》《四悲歌》《天之未明赋》《三言喜皇甫曾侍御见过南楼玩月联句》《七言重联句》《与耿湋水亭咏风联句》《溪馆听蝉联句》《六羡歌》《四标》等多首，并辑有《羽移居洪州玉之观诗》一卷，不但诗词歌赋一应俱全，而且体裁广、数量多。

（3）表演才华出众。据《陆羽小传》载：少年陆羽离开寺院后，就加入"伶党"戏班，"匿为优人"（相当于现今的滑稽演员）后，不但很快成为一位"伶师"，而且还著《谑谈》三卷，表明陆羽年少时，就已成为一名出色的演艺人士了。

（4）书法自成一体。陆羽还是一位书法家，《中国书法大辞典》就将他列入唐代书法家之列。该辞典援引唐代陆广微《吴地记》云："陆鸿渐（即陆羽）善书，尝书永定寺额，著《怀素别传》。"陆羽以狂草著称，所著《怀素别传》已成为列代书法家评价怀素、张旭、颜真卿等书法艺术的珍贵资料。

可见，陆羽不仅是一位卓越的茶学家，而且还是一位才学超群的文学家、诗人、书法家、艺术家。他"书皆不传，盖为《茶经》所掩"之故。正如唐代文学家耿湋所说：陆羽是"一生为墨客，几世作茶仙"。

119. 历代授予陆羽的荣誉称号有哪些？

由于陆羽为发展茶学事业做出的杰出贡献，深受历代人民赞颂，在我国茶文化发展史上，有称陆羽为茶仙的，如元代文人辛文房，在他的《唐才子传·陆羽》中写道"（陆）羽嗜茶，著《茶经》三卷……时号茶仙"；有称陆羽为茶神的，如《新唐书·陆羽传》中记有"羽嗜茶，著经三篇，言之源、之法、之具尤备，天下益知饮茶矣。时鬻茶者，至陶羽形置炀突间，祀为茶神"；有称陆羽为茶颠的，如宋代苏轼在《次韵江晦叔兼呈器之》诗中，有"归来又见颠茶陆"，从另一个侧面讴歌陆羽是茶颠。对此明代程用宾在《茶录》中亦称："陆羽嗜茶，人称之为茶颠。"他们都赞誉陆羽对茶孜孜不倦，追求事业的精神。

此外，宋代陶穀在《清异录》中称："杨粹仲曰：'茶至珍，盖未离乎草也。草中之甘，无出茶上者。宜追目陆氏（陆羽）为甘草癖。'"其实，这里说的甘草癖亦为茶癖之意。

清同治《庐山志》中，又将陆羽隐居苕溪，"阖门著书，或独行野中，诵诗击木，徘徊不得意，或恸哭而归，故时谓今接舆也。"将陆羽比作春秋时期楚国著名狂人隐士接舆，暗示陆羽对茶学的孜孜以求。

还有，据唐代封演的《封氏闻见记》记载，还有人称陆羽为"茶博士"的，但陆羽拒绝接受这一称谓。至于现代，更多的人尊称陆羽为茶圣。

120. 历代《茶经》版本有多少种？

《茶经》是世界上第一部茶叶专著，问世以来，在国内外产生了重大影响。自唐至今在国内外已有上百种版本问世，如宋代的百川学海本，明代的新安吴旦刊本、程福生刊本、孙大绶刊本、汪士贤刊本、玉茗堂皇刊本、程荣刊本、山居杂志本、莆田和氏刻本、郑煾校江户刊本，清代的仪鸿堂刊本、寿春堂续茶经本、唐人说茶本、地理书抄本、学津讨原本、道光天门县志本、四库全书本，民国时期的常乐重刻陆子茶经本、沔阳卢氏慎始基斋影印本、新明重刻陆子茶经本、林荆南茶经白话浅释本、张迅齐茶话与茶经本、黄炖岩中国茶道本等。

其实，现存的《茶经》版本大多为百川学海本《茶经》系列。此外，还有宛委山堂说郛本系列、四库全书本系列。据不完全统计，自宋至民国时期，能查找到的《茶经》版本，包括部分国家的刊本在内，至少还有 54 种之多，具体可参见郑培凯、朱自振主编的《中国历代茶书汇编·校注本》。

至于当代，《茶经》版本更多，仅据《陆羽〈茶经〉研究》（中国农业出版社，2014 年 5 月）统计，从 1978—2011 年的 33 年间，就出版有专门研究《茶经》版本著作 61 种，足见茶界对《茶经》研究的高度重视。

此外，在东邻韩国、日本以及其他国家，又有多种《茶经》版本的收藏与刊印，表明现今存世的《茶经》版本在百种以上。

121. 《茶经》写作的时代背景如何？

在中国封建社会历史长河中，唐代处在最强盛富庶、文采斑斓的时期。不仅经济发达，综合国力居世界领先，而且文化繁荣，社会相对安宁，为各国所仰慕，主要表现在以下几个方面。

第一，自秦汉至唐历经八百余年，长期处于战乱之中，直到隋末农民起义的胜利果实落入李家王朝之手，才出现了统一而强盛的唐朝，从而使社会有了一个稳定的发展。唐代白居易《琵琶行》"商人重利轻别离，前月浮梁买茶去"，封演《封氏闻见记》"古人亦饮茶耳，但不如今溺之甚"等史料，都反映了唐代茶叶生产发展的盛况。

第二，大唐盛世，社会安定，皇室贵族不仅视茶为养生妙药，陕西扶风法门寺成套宫廷茶器的出土就是例证。而且每年举行大唐清明茶宴，以茶祭天祀祖，重奖有功之臣。随着国内经济发展，王室的倡导，使茶叶生产和消费量迅速增加，社会呈现"无不饮者"之势，达到"比屋皆饮"之态。

第三，入唐以后，文风大盛。一些文人学士几乎个个嗜茶、尚茶、写茶、崇茶，自唐至今，历经千年，现存唐代有影响力的茶书至少有《茶经》《煎茶水记》《十六汤品》《茶酒论》《顾渚山记》《水品》《茶述》《采茶录》《茶谱》9 种。另有白居易、李白、杜甫等至少 187 位诗人、才子留下的精妙绝伦茶诗 665 首（参见钱时霖等，《历代茶诗集成·唐诗篇》，上海文化出版社），有力地推动了茶文化事业的繁荣昌盛，促进了茶文学艺术的快速发展。

第四，唐代随着对外贸易和文化交流的开展，特别是佛教文化的东传，使饮茶之风很快向西推进到边疆少数民族地区。"始自中原，流于塞外"，饮茶风习很快进入当今的新疆等地，继而远播中亚、西亚各国。而唐代文成公主的和亲，又使饮茶之风远及西藏，进入南亚。而茶东传的结果，又开创了日本、朝鲜半岛最早有文字记载的饮茶种茶记录。

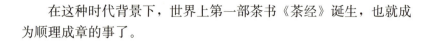

在这种时代背景下，世界上第一部茶书《茶经》诞生，也就成为顺理成章的事了。

122. 《茶经》内容有哪些？

《茶经》成书于 8 世纪 60—80 年代，内容分上、中、下三卷，共十章，七千余字。上卷"一之源"：论述茶的起源、性状、名称、功效以及茶与生态的关系；"二之具"：记载了采茶、蒸茶、成形、干燥、计数及封藏等采茶和制茶工具；"三之造"：论述茶的采摘时间与方法、制茶方法、工艺流程以及茶的品质和等级。中卷"四之器"：叙述煮茶、饮茶用的器具和全国主要瓷窑产品的优劣。下卷"五之煮"：阐述了烤茶和煮茶的方法、燃料的选择以及水的品第；"六之饮"：叙述饮茶的历史、茶的种类、饮茶风俗；"七之事"：杂录古代茶的故事和茶的功效；"八之出"：论述当时全国著名茶区的分布以及对各地茶叶的评价；"九之略"：讲采茶、制茶、饮茶的用具在某些情况下，哪些可以省略，哪些是必备的；"十之图"：指出要将《茶经》写在绢帛之上，再张挂座前，以便指导茶的产、制、烹、饮。

由上可见，《茶经》所述的内容是十分广泛的，几乎涉及与茶有关的各个方面。

123. 为什么说《茶经》是一部百科全书？

《茶经》内容丰富，涉及面广，按现代科学来划分，包括了植物学、农艺学、生态学、生化学、药理学、水文学、民俗学、训诂学、史学、文学、艺术学、地理学、陶瓷学、机械学等多个方面的学科知识，《茶经》还辑录了现已失传的好多珍贵典籍片段和历史文献资料，所述内容几乎包括与茶相关的所有人和事。如《茶经·七之事》中，记载了古代茶事 47 则，援引书目达 45 种，记载中唐以前的历史人物 43 人。

此外，作者还通过亲身实践和调查研究，总结出茶叶科学中具有规律性的东西，并使之系统化、理论化，很多内容至今仍具有理论研究价值和现实指导意义，一直被国内外奉为茶学经典之作。因此，说《茶经》是一部"茶的百科全书"，并不为过。《茶经》乃是千秋之作，芳韵长存。有鉴于此，《茶经》作者陆羽也因此被誉为"茶圣"，奉为"茶神"，祀为"茶仙"，称为"茶祖"。陆羽的丰功伟绩，永垂青史。

124 为什么说《茶经》至今仍有现实指导意义？

《茶经》把中唐及唐以前有关茶的实践经验，以客观忠实的科学态度，进行了全面系统的总结，至今仍有现实指导意义。如开篇《茶经·一之源》就记述了茶树的起源："茶者，南方之嘉木也，一尺、二尺，乃至数十尺。其巴山、峡川，有两人合抱者，伐而掇之。"这一记载为论证茶树起源于中国提供了历史资料。关于茶树的植物学特征，描写得形象而又确切："其树如瓜芦，叶如栀子，花如白蔷薇，实如栟榈，茎如丁香，根如胡桃。"茶树栽培方面，陆羽特别注意土壤条件和嫩梢性状对茶叶品质的影响，指出"其地，上者生烂石，中者生砾壤，下者生黄土"，这个结论已被实践所证实。茶树芽叶是"笋者上，芽者次；叶卷上，叶舒次"，这种与茶叶品质相关性的论述至今仍在应用。又如《茶经·二之具》和《茶经·三之造》中，详细记述了当时采制茶叶必备的各种工具，同时把当时主要茶类——饼茶的采制分为采、蒸、捣、拍、焙、穿、封七道工序，将饼茶的质量根据外形光洁平整程度分为八等，开创了茶叶质量鉴定先河。《茶经·六之饮》中提道："饮有觕（粗）茶、散茶、末茶、饼茶者。"明确记载了唐时除团饼茶外，还有粗茶、散茶、末茶，这对研究我国制茶发展历史很有帮助。还有《茶经·八之出》中，把唐代茶叶产地划分为八大茶区，同时对全国各地茶叶品质进行了比较，这在当时交通十分不便的情况下，能做出这种实践与研究相结合的结论是很难得的。

　　另外，《茶经》还极其广泛地收集了中唐以前关于茶叶的历史资料，遍涉群书，博览广采，为后世留下了十分宝贵的茶叶历史遗产。《茶经·六之饮》"茶之为饮，发乎神农氏，闻于鲁周公"，把我国饮茶历史追溯至原始社会，证明我国是世界上发现和利用茶最早的国家。《茶经》援引了《广雅》中关于荆巴间制茶、饮茶的记载："荆巴间采叶作饼，叶老者，饼成以米膏（米汤）出之。欲煮茗饮，先炙令赤色，捣末，置瓷器中，以汤浇覆之，用葱、姜、橘子芼之，其饮醒酒，令人不眠。"这些都是很难得的史料记载。

　　茶的名称，古时有荼、槚、蔎、茗、荈、诧、葭等称谓，陆羽《茶经》提出统一称为"茶"字。南宋《魏了翁集》说："茶字古时为荼，自陆羽《茶经》……以后，遂易荼为茶。"这对以后统一茶的名称，正本清源，可以说是一个里程碑。

125. 《茶经》的科学理论价值有哪些？

　　《茶经》问世虽然已有千百年之久，然而《茶经》中的许多论述，至今仍有重要理论价值。如《茶经·一之源》中的"三岁可采"，"野者上，园者次"，宜生长在"阳崖阴林"等论述，这与现代茶树生物学特性和制茶学理论是相一致的。"茶之为用，性至寒"，这与药学的原理是相吻合的。而"为饮最宜精行俭德之人"，提出的茶道精神，对现当代研究茶文化的核心价值具有重要的理论指导意义。在论述茶的疗效时指出，"若热渴、凝闷、脑疼、目涩、四肢烦、百节不舒，聊四五啜，与醍醐甘露抗衡也"。这为茶的健身功效提供了理论依据。又如，在《茶经·四之器》中提出越窑"类冰""类玉"，"越州瓷、岳瓷青，青则益茶"的理论，从色彩学理论出发，强调茶器要与茶汤相匹配。在《茶经·五之煮》中，提出煮茶须用活水，烧水选用"活火"，烧水不能"老"，以及茶与水的比例要恰当等论述，为选好茶、择好水、配好器、沏好茶，提供了理论支撑。

再如，在《茶经·七之事》中，从三皇炎帝神农氏，记到鲁周公《尔雅》，直至写到《本草》，从 40 余部典籍中归纳出的茶事历史记载，对现代茶文化工作者研究我国茶文化的历史具有重要的理论价值。

还有，在《茶经·八之出》中，记述了唐代的茶区分布，并列举了一些品质好的茶叶产出的地名。这些记载，为现代各地的名优茶开发提供了历史依据。

由于《茶经》总结了茶学学科中具有规律性的一些东西，并使之系统化、理论化，所以《茶经》一直被茶学界视为千秋宝典。

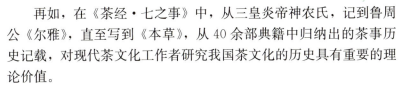

126. 《茶经》收录中唐前的历史资料有哪些？

中唐前，我国茶叶生产还不成规模，有关记载茶的历史资料原本就少，加之年代久远，即便是片言碎语，能保存至今实属不易，直至失传。可在陆羽《茶经》中却保存着许多关于茶的历史资料，合计 48 则。其内容大致可分为 7 类：

（1）史料类 11 种：有《晏子春秋》《吴志·韦曜传》《晋中兴书》《晋书》《世说》《艺术传》《释道该说续名僧传》《江氏家传》《宋录》《后魏录》以及晋惠帝饮茶的记述。

（2）医药类 9 种：有《神农食经》《凡将篇》《食论》《食忌》《杂录》《本草·木部》《枕中方》《孺子方》以及刘琨与兄子南兖州刺史演书。

（3）地理类 8 种：有《七海》《坤元录》《括地图》《吴兴记》《夷陵图经》《永嘉图经》《淮阴图经》和《茶陵图经》。

（4）诗赋类 5 种：有左思《娇女》诗、张孟阳《登成都楼》诗、王微《杂诗》、鲍令晖《香茗赋》和孙楚《歌》。

（5）神异类 5 种：有《搜神记》《神异记》《续搜神记》《异苑》和《广陵耆老传》。

（6）注释类 4 种：有《尔雅》《方言》《尔雅注》和《本草·菜部》。

（7）其他类6种：有《广雅》《食檄》《桐君录》以及傅咸司隶教示、南齐世祖武皇帝遗诏、梁刘孝绰谢晋安王饷米等启。

这些中唐及其以前的有关茶事历史资料，均比较系统地收录在《茶经·七之事》中。但在古代搜集资料要比现当代困难得多的情况下，要做到没有遗漏显然是不太可能的。如在汉代王褒《僮约》、许慎《说文解字》、晋代常璩《华阳国志》等书中，也有茶事资料记载，但在《茶经》中就未曾收录。

127. 《茶经》中提及中唐前的历史人物有哪些？

在《茶经》中，谈及中唐及其以前与茶密切相关的历史人物有数十人，这为研究茶及茶文化发展史提供值得信服的实名证据。现综合《茶经·七之事》记载，整理如下：

三皇：炎帝神农氏。

周代：鲁周公旦、齐国国相晏婴。

汉代：仙人丹丘子、黄山君；文园令司马相如、执戟郎扬雄。

三国：吴归命侯、太傅韦弘嗣。

晋代：惠帝、司空刘琨、琨侄兖州刺史演、黄门张孟阳、司隶傅咸、洗马江统、参军孙楚、记室左太冲、吴兴太守陆纳、纳侄会稽内史俶、冠军谢安石、弘农郡太守郭璞、扬州牧桓温、舍人杜育、武康小山寺僧法瑶、沛国夏侯恺、余姚虞洪、北地傅巽、丹阳弘君举、新安任育长、宣城秦精、敦煌单道开、剡县陈务妻、广陵老姥、河内山谦之。

南北朝：后魏有琅琊王肃；宋有新安王刘子鸾、鸾弟豫章王刘子尚、鲍昭妹令晖、八公山僧昙济；齐有世祖武帝；梁有廷尉卿刘孝绰、陶弘景。

唐代：英国公徐勣。

如此，从三皇开始，直至中唐为止，在《茶经》中共涉及与茶相关的历史人物至少有 43 人。

128. 《茶经》中记载的唐代名茶有哪些?

《茶经》中记载的名茶很多,产地集中分布在 8 大茶区的 43 个州郡的 44 个县。记载的名茶主要来自三个方面:一是通过实地调查所得,二是资料收集汇总,三是样本研究获取。但中唐前的名茶,远非靠一个人的力量能搜寻完全的,这是由于古时交通不便,不可能做到都是亲身所为。其次,古时收集资料比现当代要困难得多,要做到不遗漏是困难的。不要说当时还属南昭国管辖的云南名茶未曾收录其中,就是陆羽《茶经》所述的 8 大茶区范围内的不少名茶也没有收录其中,如唐代皎然在《饮茶歌诮崔石使君》诗中提到的剡溪茗,韦处厚《茶岭》诗中提到的茶岭茶,晋代常璩《华阳国志》中提到的"南安、武阳,皆出名茶""什邡县,山出好茶"等就是例证。

现以陆羽《茶经》为基础,结合其他历史资料所述,将唐时名茶 150 多个品种汇集如表所示。它们都是我国产茶史上最早的名茶。如今,这些名茶虽然大部分已从当时的饼茶演变成为今天的散茶,但当时的许多名茶产地,多数依然是当今名茶的重要产区。所以,了解和掌握古代名茶,有助于开拓和创新名茶的未来,有助于名茶在物质、精神和文化层面上的提升,有助于进一步推动茶产业、茶文化、茶经济的发展。

序号	茶 名	产 地
1	黄冈茶	黄州黄冈(今湖北黄冈)
2	蕲水团薄饼	蕲州浠水县(今湖北蕲春)
3	蕲水团黄	蕲州浠水县(今湖北蕲春)
4	蕲门团黄	蕲州蕲春、蕲水县(今湖北蕲春)
5	鄂州团黄	鄂州(今湖北蒲圻、崇阳)
6	施州方茶	施州(今湖北恩施)
7	归州白茶(清口茶)	归州(今湖北秭归)

（续）

序号	茶 名	产 地
8	夷陵茶	峡州夷陵（今湖北宜昌）
9	小江源茶（小江园）	峡州（今湖北宜昌）
10	茱萸茶	峡州（今湖北宜昌）
11	方蕊茶	峡州（今湖北宜昌）
12	明月茶	峡州（今湖北宜昌）
13	峡州碧涧茶	峡州宜都（今湖北枝城）
14	荆州碧涧茶	荆州松滋（今湖北江陵）
15	楠木茶	荆州松滋（今湖北江陵）
16	荆州紫笋茶	荆州江陵（今湖北江陵）
17	仙人掌茶	荆州当阳（今湖北当阳）
18	襄州茶	襄州（今湖北襄阳、南漳）
19	蒙顶茶（蒙山茶）	雅安蒙山（今四川雅安蒙山）
20	蒙顶研膏茶	雅州蒙山（今四川雅安蒙山）
21	蒙顶紫笋	雅州蒙山（今四川雅安蒙山）
22	蒙顶压膏露芽	雅州蒙山（今四川雅安蒙山）
23	蒙顶压膏谷芽	雅州蒙山（今四川雅安蒙山）
24	蒙顶石花	雅州蒙山（今四川雅安蒙山）
25	蒙顶井冬茶	雅州蒙山（今四川雅安蒙山）
26	蒙顶篯茶	雅州蒙山（今四川雅安蒙山）
27	蒙顶露镇茶	雅州蒙山（今四川雅安蒙山）
28	蒙顶鹰嘴芽白茶	雅州蒙山（今四川雅安蒙山）
29	赵坡茶	汉州广汉（今四川绵竹）
30	黔阳都濡茶（都濡高枝）	黔州彭水县（今重庆涪陵）
31	茶岭茶	夔州（今重庆奉节、云阳）
32	香山茶（香雨茶、香真茶）	夔州（今重庆巫山、巫溪）
33	多陵茶	忠州南宾（今四川石柱）
34	白马茶	涪州（今四川武隆）

（续）

序号	茶　名	产　地
35	宾化茶	涪州宾化（今重庆涪陵）
36	狼猱山茶	渝州南平县（重庆巴县）
37	纳溪梅岭茶（泸州茶、纳溪茶）	泸州（今四川纳溪）
38	绵州松林茶	绵州（今四川绵阳）
39	昌明兽目（昌明茶、兽目茶）	绵州昌明县（今四川江油）
40	神泉小团	绵州神泉县（今四川江油）
41	骑火茶	绵州（今四川绵阳）
42	玉垒沙坪茶	茂州（今四川汶川）
43	堋口茶	彭州（今四川温江）彭县
44	彭州石花	彭州
45	仙崖茶	彭州
46	峨眉白芽茶（峨眉雪芽）	眉州（今四川峨眉山）
47	峨眉茶	眉州峨眉山
48	味江茶	蜀州青城（今四川灌县）、味江
49	青城山茶	蜀州青城（今四川灌县）
50	蝉翼	蜀州、眉州各县
51	片甲	蜀州各县
52	麦颗	蜀州各县
53	鸟嘴	蜀州各县
54	横牙	蜀州各县
55	雀舌	蜀州各县
56	百丈山茶	雅州百丈县
57	名山茶	雅州名山县
58	火番饼	邛州（今四川邛崃）各县
59	思安茶	邛州思安县（今四川大邑县西）
60	火井茶	邛州火井县（今四川邛崃县西）
61	九华英	剑州（今四川剑阁以南蜀中地区）

（续）

序号	茶　名	产　地
62	零陵竹间茶	永川（今湖南零陵）
63	碣滩茶	辰州（今湖南沅陵、辰溪）
64	灵溪芽茶	溪州（今湖南灵溪）
65	西山寺炒青	朗州（今湖南常德）西山寺
66	麓山茶（潭州茶）	潭州（今湖南长沙）
67	渠江薄片	潭州、邵州（今湖南安化、新化）
68	石禀方茶	衡州（今湖南衡山）
69	衡山月团	衡州（今湖南衡山）
70	衡山团饼（岳山茶）	衡州（今湖南衡山）
71	灉湖含膏（水灉湖茶、岳阳含膏冷）	岳州（今湖南岳阳）
72	岳州黄翎毛	岳州（今湖南岳阳）
73	武陵茶	朗州武陵郡（今湖南溆浦）
74	澧阳茶	澧州澧阳郡（今湖南澧县）
75	泸溪茶	辰州泸溪郡（今湖南沅陵）
76	邵阳茶	邵州邵阳郡（今湖南宝庆）
77	金州芽茶	金州（今陕西安康）各县
78	梁州茶	梁州（今陕西汉中）各县
79	西乡月团	梁州（今陕西西乡）
80	光山茶	光山（今河南光山）
81	义阳茶	申州义阳郡（今河南信阳）
82	祁门方茶	歙州祁门县（今安徽祁门）
83	牛轭岭茶	歙州（今安徽黄山）
84	歙州方茶	歙州新安各县（今安徽黄山）
85	新安含膏	歙州新安各县（今安徽黄山）
86	至德茶	池州至德县（今安徽东至）
87	九华山茶	池州青阳县（今安徽青阳）

（续）

序号	茶　名	产　地
88	瑞草魁（雅山茶、鸭山茶、鸦山茶、丫山茶、丫山阳坡横纹茶）	宣州（今安徽宣城、郎溪、广德、宁国四县交界的丫山）
89	庐州茶	庐州舒城县（今安徽舒城）
90	舒州天柱茶	舒州潜山（今安徽岳西）
91	小岘春	寿州盛唐（今安徽六安）
92	六安茶	寿州盛唐（今安徽六安）
93	霍山天柱茶	寿州（今安徽霍山）
94	霍山小团	寿州（今安徽霍山）
95	霍山黄芽（寿州黄芽）	寿州（今安徽霍山）
96	寿阳茶	寿州寿春县（今安徽寿县）
97	婺源先春含膏	歙州婺源县（今江西婺源）
98	婺源方茶	歙州婺源县（今江西婺源）
99	径山茶	杭州仁和县（今浙江杭州）
100	睦州细茶	睦州各县（今浙江建德、淳安）
101	鸠坑茶	睦州（今浙江建德、淳安）
102	婺州方茶	婺州（今浙江金华）各县
103	举岩茶	婺州金华县（今浙江金华）
104	东白茶	婺州东阳县（今浙江东阳）
105	明州茶	明州（今浙江宁波鄞州）
106	剡溪茗（剡茶、剡山茶）	越州（今浙江嵊州）
107	瀑布岭仙茗	越州余姚（今浙江余姚）
108	灵隐茶	杭州钱塘（今浙江杭州）
109	天竺茶	杭州钱塘（今浙江杭州）
110	天目茶（天目山茶）	杭州（今浙江临安）
111	顾渚紫笋（湖州紫笋、吴兴紫笋）	湖州吴兴（今浙江长兴）
112	润州茶	润州（今江苏镇江）
113	洞庭山茶	苏州（今江苏苏州）

（续）

序号	茶　名	产　地
114	蜀冈茶	扬州（今江苏扬州）
115	阳羡紫笋（义兴紫笋、常州紫笋）	常州义兴县（今江苏宜兴）
116	夷州茶	夷州（今贵州石阡）
117	费州茶	费州（今贵州思南、德江）
118	思州茶	思州（今贵州婺川、印江）
119	播州生黄茶	播州（今贵州遵义、桐梓）
120	吉州茶	吉州（今江西吉安、井冈山）
121	庐山云雾（庐山茶）	江州庐山（今江西庐山）
122	鄱阳浮梁茶	饶州浮梁县（今江西景德镇）
123	界桥茶	袁州宜春县（今江西宜春）
124	麻姑茶	抚州（今江西南城）
125	西山鹤岭茶	洪州（今江西南昌）
126	西山白露茶	洪州（今江西南昌）
127	唐茶	福州（今福建福州）
128	蜡面茶（蜡茶）	建州（今福建建瓯）
129	建州大团	建州（今福建建瓯）
130	建州研膏茶（建茶、武夷茶）	建州（今福建建瓯）
131	福州正黄茶	福州各县
132	柏岩茶（半岩茶）	福州（今福建福州）
133	方山露芽（方山生芽）	福州（今福建福州）
134	金饼	福建
135	罗浮茶	惠州博罗县（今广东博罗）
136	岭南茶	韶州（今广东韶州）
137	韶州生黄茶	韶州（今广东韶关）各县
138	西乡研膏茶	封州（今广东封川）
139	西樵茶	广州新会西樵山（今广东南海）
140	吕仙茶（吕岩茶、刘仙岩茶）	廉州灵川县（今广西灵川）

（续）

序号	茶 名	产 地
141	象州茶	象州阳寿县（今广西象州）
142	西山茶	浔州桂平县（今广西桂平）
143	容州竹茶	容州（今广西容县）
144	普茶（普洱茶）	南诏普洱所属六茶山（今云南普洱、西双版纳地区）
145	什邡茶	四川什邡市
146	南安茶	四川乐山
147	武阳茶	四川彭山县
148	黔阳茶	四川彭水县
149	真茗茶	重庆奉节县

129. 《茶经》中记载的产茶州、郡有哪些？

按陆羽《茶经》所述：唐时全国已形成 8 大茶区，种茶区域遍及全国 42 个州和 1 个郡。若按分布州、郡所述，其范围已涉及现今的四川、重庆、陕西、河南、安徽、湖南、湖北、江西、浙江、江苏、贵州、福建、广东、广西等省份。它们是：

（1）山南茶区的峡州（今湖北省宜昌一带）、襄州（今湖北襄阳一带）、荆州（今湖北省江陵一带）、衡州（今湖南省衡阳一带）金州（今陕西省安康一带）和梁州（今陕西省汉中一带）。

（2）淮南茶区的光州（今河南省潢川、光山一带）、舒州（今安徽省怀宁一带）、寿州（今安徽省寿县一带）、蕲州（今湖北省蕲春一带）、黄州（今湖北省黄冈、新州一带）和义阳郡（今河南省信阳一带）。

（3）浙西茶区的湖州（今浙江省湖州一带）、常州（今江苏省武进一带）、宣州（今安徽省宣城一带）、杭州（今浙江省杭州一

带）、睦州（今浙江省建德一带）、歙州（今安徽省黄山市一带）、
润州（今江苏省镇江一带）和苏州（今江苏省吴县一带）。

（4）剑南茶区的彭州（今四川省彭县一带）、绵州（今四川省
绵阳一带）、蜀州（今四川省成都，重庆一带）、邛州（今四川省邛
崃一带）、雅州（今四川省雅安一带）、泸州（今四川省泸州一带）、
眉州（今四川省眉山一带）和汉州（今四川省广汉一带）。

（5）浙东茶区的越州（今浙江省绍兴一带）、明州（今浙江省
宁波一带）、婺州（今浙江省金华一带）和台州（今浙江省临海一
带）。

（6）黔中茶区的思州（今贵州省思南一带）、播州（今贵州省
遵义一带）、费州（今贵州省德江一带）和夷州（今贵州省凤冈、
石阡一带）。

（7）江南茶区的鄂州（今湖北省武汉一带）、袁州（今江西省
宜春一带）和吉州（今江西省吉安一带）。

（8）岭南茶区的福州（今福建省福州、闽侯一带）、建州（今
福建省建瓯、建阳一带）、韶州（今广东省曲江、韶关一带）和象
州（今广西壮族自治区象州一带）。

其实，《茶经》中的茶区分布，在今天看来还不仅限于这些，
最明显的是没有把云南归属进去，这可能与当时云南属南昭国管辖
有关。

图书在版编目（CIP）数据

茶文史知识 100 问 / 姚国坤著. -- 北京：中国农业
出版社，2025. 6. --（名家问茶系列丛书）. -- ISBN
978-7-109-32739-9

Ⅰ. TS971. 21-44

中国国家版本馆 CIP 数据核字第 2025B4Z398 号

茶文史知识 100 问
CHA WENSHI ZHISHI 100 WEN

中国农业出版社出版
地址：北京市朝阳区麦子店街 18 号楼
邮编：100125
责任编辑：姚　佳
版式设计：杨　婧　　责任校对：吴丽婷
印刷：中农印务有限公司
版次：2025 年 6 月第 1 版
印次：2025 年 6 月北京第 1 次印刷
发行：新华书店北京发行所
开本：880mm×1230mm　1/32
印张：4. 25
字数：118 千字
定价：58. 00 元